It all starts with
STARBUCKS

커피 마시는 즐거움을
가르쳐 준
스타벅스

다크로스팅한 커피 맛.
오늘의 커피와 카페라테, 프라푸치노 —
다양한 메뉴를 맛보는 즐거움.
늘 미소로 맞이하는 파트너를 만나는 기쁨.
그리고 아늑한 공간에
몸을 맡기는 안락함.

1996년 스타벅스가 문을 연 이후
커피와 함께 마음을 나눈 시간이
이렇게도 설렘 가득하리라는 걸
우리는 이미 직감했다.

나만을 위한 안식처,
누군가와 대화를 나누는 곳.
스타벅스만이 선사하는 편안한 공간은
우리의 또 다른 보금자리가 되었다.

남과 북으로 길게 뻗은 일본 각지에는
저마다 특색이 있는 매장이 있다.
지역 사람들과 인연을 맺으며 사랑받는 곳.
그런 곳이 있어서, 그리고 한결같은 커피의
안정감이 있어서, 더할 나위 없이 행복하다.

One person, One cup

그리고 스타벅스는 우리들의
제3의 장소(third place)가 되었다.

and One neighborhood at a time.

오감을 흔드는 체험이 조금 더 가까이.

나에게 살며시 다가와
얼굴을 마주하며
한 방울 한 방울 정성 들여 내리는 커피.
눈앞에서 로스팅하는 원두, 소리, 약동감.
형형색색의 베이커리 색채, 행복한 내음.
압도적으로 에너지 넘치는 공간에서 맛보는 다양한 체험.
커피 한 잔의 가능성은 새로운 무대로 향한다.

커피를 마시는 즐거움뿐만 아니라
이번에는 또 무엇을 가르쳐줄까?

photo_Koichi Doyo, Masahiro Tamura, Satoshi Nagare, Kenji Mimura, Ryoko Amano(TRON)

Make
it
Yours

스타벅스의
새로운 이야기,
이제 시작합니다.

CONTENTS

STARBUCKS
OFFICIAL BOOK

Partner = 스타벅스에서 일하는 모든 종업원

본문에서 '파트너'라는 용어가 여러 차례 등장하는데 스타벅스에서는 모든 종업원을 '파트너'라고 부른다. 여기에는 간부/정사원/아르바이트의 직급 구분이 없다. 파트너 한 사람 한 사람이 스타벅스에게는 둘도 없는 자산이며 브랜드가치를 함께 만들어 간다는, 말 그대로 '파트너'라는 기업이념에서 생겨난 용어이다.

제1장

"나만의 스타벅스"를 찾으러 여행을 떠나자

010   **PART 1**
      일본의 좋은 것, 좋은 곳에 닿다
      01   교토 니네이자카 야사카차야점
      02   가고시마 센간엔점
      03   고베 기타노 이진칸점
      04   하코다테 베이사이드점
      05   히로사키 코엔마에점
      06   도고온센에키샤점
      07   가와고에 가네쓰키도리점

034   TRAVEL COLUMN 1
      JIMOTO made series
      지역색이 물씬 풍기는 컵에 둘러싸인 스타벅스

036   일본 스타벅스는 여기서 시작했다
      긴자 마쓰야도리점

038   **PART 2**
      특별함을 맛보러 가다
      08   고베 메리켄파크점
      09   주부국제공항 센트레아 FLIGHT OF DREAMS점
      10   도야마 간스이코엔점
      11   하마마쓰조코엔점
      12   다자이후 덴만구 오모테산도점

052   TRAVEL COLUMN 2
      STARBUCKS Interior & Craft
      멋진 인테리어 리포트!

054   **PART 3**
      체온이 느껴지는 공간을 꿈꾸며
      13   오사카조코엔 모리노미야점
      14   가마쿠라 오나리마치점
      15   샤미네 돗토리점

062   점포개발본부 점포설계부 부장
      다카시마 마유 씨 인터뷰
      일본 각지의 풍부한 문화유산을 매장 인테리어에 담아

063   We Love STARBUCKS
      내가 스타벅스를 사랑하는 이유
      아사이 료(朝井リョウ) 씨

064   Meet Our Partners!
      재능 넘치는 파트너들 모두 모여라!

068   YOUR PERFECT COFFEE MOMENT
      스타벅스에서 보내는 시간이 언제나 맛있는 이유

072   각자의 시간을,
      조금 더 맛있게 만드는 대표 푸드 메뉴

073   나만의 추천! 음료 & 푸드
      가타오카 아이노스케(片岡愛之助) / 기요카와 아사미(清川あさみ) /
      가와키타 유스케(河北祐介) / 이마주쿠 아사미(今宿麻美)

제2장

오감을 자극하는 새로운 제3의 장소

STARBUCKS
리저브의 세계로

076 **PART 1**
'스타벅스 리저브 바'란 무엇인가?

078 **PART 2**
검정색 앞치마를 두른 바리스타

080 **PART 3**
스타벅스 리저브 '커피콩의 파수꾼'을 만나러 시애틀로 향한다

082 **PART 4**
스타벅스 리저브
로스터리가 왔다!

THE ROASTERY TOUR
세계로 뻗어나가는
로스터리를 향해 GO!

084 여기가 스타벅스 리저브 로스터리 1호점
SEATTLE

088 아시아 최초 스타벅스 리저브 로스터리
SHANGHAI

092 드디어 에스프레소 성지에 오픈!
MILAN

093 맨해튼의 스타일리쉬한 핫스팟에 주목
NEW YORK

094 **PART 5**
세계 최초, 4층 전관 로스터리가 일본에 온다
TOKYO NAKAMEGURO

제3장

스타벅스의
모든 것을 알고 싶다!

099 **PART 1**
The history of STARBUCKS
스타벅스의 시작은 시애틀 파이크
플레이스 마켓 1호점에서

102 **PART 2**
The reason why people love STARBUCKS Coffee
맛있는 커피를 위한
원두에 대한 고집

104 **PART 3**
STARBUCKS + Me
스타벅스와 함께하는 삶

110 We Love STARBUCKS
내가 스타벅스를 사랑하는 이유
다카하시 아이(高橋 愛) 씨

111 **PART 4**
STARBUCKS A to Z
스타벅스에 대해
알아야 할 48가지

120 We Love STARBUCKS
내가 스타벅스를 사랑하는 이유
YOU 씨

121 **PART 5**
Doorway to Change
한 잔의 커피가 여는
미래로 가는 길

Building the Future
내가 마신 한 잔에서 시작하는 지역부흥지원사업
- 허밍버드 프로그램 -

Sustaining the Future
원두찌꺼기가 만든 순환 고리

Welcoming the Future
도전을 멈추지 않는 이들에게 기회를

126 Interview
케빈 존슨 씨가 전하는 메시지

※ 본문에 소개되는 분의 직위와 소속 등은 2019년 3월 기준 편집부 조사에 의한 것으로, 실제와 다를 수 있습니다.

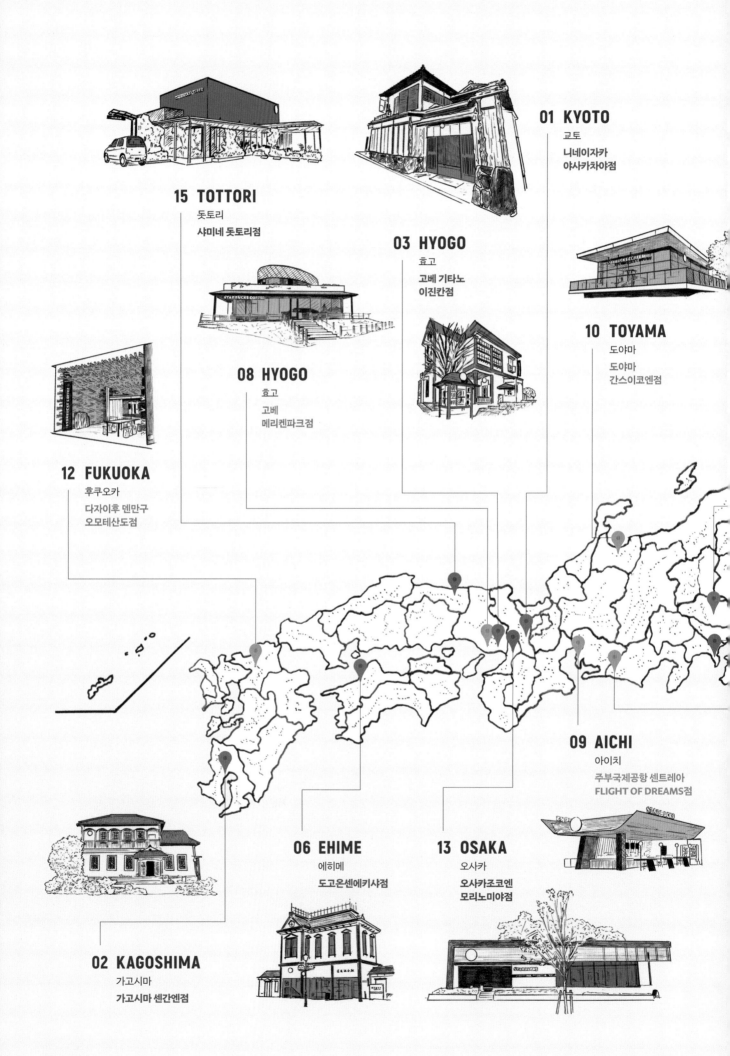

01 KYOTO
교토
니네이자카
야사카차야점

15 TOTTORI
돗토리
샤미네 돗토리점

03 HYOGO
효고
고베 기타노
이진칸점

10 TOYAMA
도야마
도야마
간스이코엔점

08 HYOGO
효고
고베
메리켄파크점

12 FUKUOKA
후쿠오카
다자이후 덴만구
오모테산도점

09 AICHI
아이치
주부국제공항 센트레아
FLIGHT OF DREAMS점

06 EHIME
에히메
도고온센에키샤점

13 OSAKA
오사카
오사카조코엔
모리노미야점

02 KAGOSHIMA
가고시마
가고시마 센간엔점

04 HOKKAIDO
홋카이도
하코다테
베이사이드점

05 AOMORI
아오모리
히로사키
코엔마에점

07 SAITAMA
사이타마
가와고에
가네쓰키도리점

14 KANAGAWA
가나가와
가마쿠라 오나리마치점

11 SHIZUOKA
시즈오카
하마마쓰조코엔점

| 제1장 |

"나만의 스타벅스"를 찾으러 여행을 떠나자

지금 스타벅스는 여행의 목적지이다.
그 지역에 사는 사람들과 인연을 맺으며
매장이 들어선 거리풍경과 하나가 된다.
그렇게 지역에 뿌리를 내린 매장이 전국 각지에 있다.
예로부터 항해사들이 북극성을 보며 배를 몰았던 것처럼
우리도 스타벅스 '사이렌' 로고를 찾아서 여행을 떠나자.

PART 1
일본의 좋은 것, 좋은 곳에 닿다

PART 2
특별함을 맛보러 가다

PART 3
체온이 느껴지는 공간을 꿈꾸며

매장 안으로 들어서면 옛 가옥에서만 볼 수 있
는 어두운 좁고 긴 통로가 나타난다. 교토의 유명
등불축제인 히가시야마 하나도로(東山花灯路)에서
착안했다고 한다. 은은한 행등 덕에 더욱 눈에 띄
는 바카운터 불빛이 손님을 따스하게 맞이한다

지은 지 100년이 넘는 일본 전통가옥에 문을 연 매장에는
일본 특유의 손님을 대접하는 정성이 머문다

01

교토
교토 니네이자카
야사카차야점
(京都二寧坂ヤサカ
茶屋店)

 **KYOTO NINEIZAKA
YASAKA CHAYA STORE**

교토부 교토시 히가시야마구 고다이지미나미몬도
리 시모가와라히가시이루 마스야초 (京都府京都
市東山区高台寺南門通下河原東入桝屋町) 349
번지 ☎ 075-532-0601 영업시간 8:00~20:00
비정기 휴무 좌석수 51석 오시는 길 교토 게
온시조역(京阪本線 祇園四条駅) 1번 출구에서 도
보 18분

It's Your Best Place

PART 1

일본의 좋은 것, 좋은 곳에 닿다

귀중한 문화재에 들어선 매장이 그 지역의 특색을 담아낸
새로운 랜드마크로, 나만의 스타벅스를 찾아 떠나는 여행은
제일 먼저 여기서부터!

photo_Masahiro Tamura text_Yoko Fujimori

예스러운 돌출 간판이나 처마등을 다는 등 니네이자카의 전통적인 거리풍경에 자연스레 스며들도록 세심한 배려도 아끼지 않은 부분이 굉장히 신선하게 느껴진다. 이런 기존 거리와 조화를 이루려는 노력 덕분에 이 건물은 2018년 교토경관상 옥외광고물 부문 시장상을 수상했다.

일본문화를 좋아한다는 프랑스 관광객 4명이 2층 구석자리에서 음료를 마시고 있다. 바닥을 높게 만든 장식공간인 도코노마에는 커피를 주제로 그린 족자와 커피 생두가 담긴 에티오피아산 그릇이 놓여 있어 손님들을 맞이한다.

**다다미방에서 마시는 커피는
일본에서만 즐길 수 있는 행복체험**

어렴풋이 들리는 종소리에 귀 기울이면서 난간 너머로
바깥 풍경을 바라본다. 그리고 커피 한 잔. 티테이블은
방석에 앉았을 때 알맞은 높이로 특별 제작했다.

KYOTO
CITY

AREA MAP
돌길이 아름다운 니네이자카의 돌계
단은 고다이지(高台寺), 네네노미
치(ねねの道), 호칸지(法観寺), 그
리고 기요미즈테라(清水寺)까지 이
어진다. 교토다운 풍취를 즐길 수 있
다.

아름다운 돌길과 처마가 이어진 전통거리. 니
네이자카를 찾으면 100년 전으로 타임슬립한 것
만 같다. 이런 예스러운 숨결이 살아 숨 쉬는 니네
이자카에 녹아든 매장이 있다. 바로 야사카차야
점이다. 이 건물은 다이쇼(大正)시대에 지어진 찻
집 분위기의 가옥 중 하나로 과거 여곽으로 쓰이
기도 했다. 이 매장은 스타벅스가 지은 지 100년
도 넘는 전통가옥에 입점한 첫 번째 케이스이다.
입구에 걸린 포럼을 걷어 올리고, 다다미방에 신
발을 벗고 들어가 방석에 앉아서 커피를 마신다.
이 모든 것이 이곳에서만 맛볼 수 있는 체험이다.

매장을 낼 때 가장 신경 쓴 두 가지는 '역사가
담긴 건물과 그 지역에 대한 경의를 표하며 최대
한 옛 모습 그대로 두고, 개보수한 곳은 복원할
것. 그리고 교토의 전통과 스타벅스의 커피 문화
를 융합할 것'이었다. 그래서 고급 삼나무로 만
든 외벽이나 교토 지역 정원사가 가꾼 3개의 정
원, 정성을 다해 복원한 전통창호 등 매장 곳곳
에 볼거리가 가득하다. 깊은 안채로 갈 때 지나는
도리니와(通り庭)를 걷는 듯한 어두컴컴한 통로
도 전통가옥에만 있는 음영의 특징 중 하나이다.

2층에서는 외국인 관광객이 다다미방에 앉아 제
각각 휴식을 만끽한다. 때론 합석을 하는 모습도
볼 수 있는데 이 또한 이곳에서만 경험하는 즐거
움이다.

이 매장은 전통가옥 마치야(町家)의 개보수
담당 건축설계사와 건설회사, 그리고 정원사 등
지역 전문가가 함께 힘을 합쳐서 완성한 결정체
라 할 수 있다. 파트너 또한 입구 앞에 물을 뿌리
거나 대나무로 만든 쓰레기통을 들고 다니며 매
장 주위를 청소하는 등 이웃과 소통하려는 태도
를 보이며 니네이자카 일대의 풍경을 지키기 위
한 노력을 아끼지 않는다.

매장에는 궁궐 전속 전통인형작가이며 맞은
편에 가게를 준비 중인 시마다 고엔(島田耕園)
씨가 선물한 마네키네코가 놓여 있다. 이 마네키
네코로 말할 것 같으면 교토에서는 장사 운을 부
른다는 검은고양이로, 목에 초록색 앞치마를 연
상케 하는 초록색 턱받이를 두른 전 세계 유일무
이한 존재이다. 교토 사람들의 정신과 스타벅스
의 기업이념이 어우러진 이곳은 더할 나위 없이
'일본다운 제3의 장소(third place)'로 사랑받는다.

역사와 이야기가 숨 쉬는 다양한 볼거리를 알아보자!

HIGHLIGHT
마치야와 조화를 이루는 스타벅스 스타일

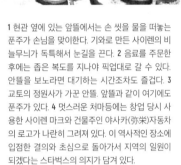

1 현관 옆에 있는 앞뜰에서는 손 씻을 물을 떠놓는 쓰쿠바이가 손님을 맞이한다. 기와로 만든 사이렌의 비늘무늬가 독특해서 눈길을 끈다. **2** 음료를 주문한 후에는 좁은 복도를 지나야 픽업대로 갈 수 있다. 안뜰을 보노라면 대기하는 시간조차도 즐겁다. **3** 교토의 정원사가 가꾼 안뜰. 앞뜰과 같이 여기에도 쓰쿠바이가 있다. **4** 멋스러운 처마등에는 창업 당시 사용한 사이렌 마크와 건물주인 야사카(弥栄)자동차의 로고가 나란히 그려져 있다. 이 역사적인 장소에 입점한 결의와 초심으로 돌아가서 지역의 일원이 되겠다는 스타벅스의 의지가 담겨 있다.

Special Interview

건물의 '기억'에 새로움을 융합시키다.
그 힘겨움에 도전하는 나날이었다.

구상에서 완공까지 약 10년의 세월을 간직한 매장. 이곳을 창조했다고 표현해도 과언이 아닌 두 주역, 설계팀 야나기 가즈히로 씨와 교마치야(京町家, 1950년 이전에 교토시내에 지어진 마치야를 포함한 목조가옥을 이름-역자 주) 개보수를 담당한 건축가 도미이에 히로히사 씨를 만나 이야기를 나누고 준비과정부터 오픈까지 숨겨진 비화를 들어봤다.

야나기 가즈히로 씨(이하 야나기) 처음 도미이에 씨를 만난 것이 개점하기 3년 전쯤이었어요. 그때까지 '고베 기타노 이진칸점(p.20)' 같은 양옥 유형문화재를 개보수한 경험은 있었지만 전통가옥에 매장을 내는 것은 처음이라 전문지식을 갖춘 분을 섭외하고 싶었어요.

도미이에 히로히사 씨(이하 도미이에) 전 원래 전문분야가 교마치야 개보수라 이 건물 구조를 봐주는 업무를 맡게 되었어요.

야나기 저희는 이 건물을 '지역 랜드마크 스토어(지역문화를 외국에 알리기 위해 일본을 상징하는 지역 명소에 오픈한 매장)'의 대표매장으로 만들고 싶었어요. 건물의 역사에 새로움을 덧붙이는 작업은 도미이에 씨가 있어서 가능했습니다.

8 주문대 위에 있는 시마다 고엔 씨가 선물한 마네키네코는 매장의 수호신이다. 스타벅스라는 사명의 유래가 되었다는 소설 《모비 딕(백경)》 원서를 2층에 전시한 것도 고엔 씨 조언 덕분이다. 9 따스한 빛을 내는 조명은, 전통가옥에서 주로 볼 수 있는 사슬모양 빗물 홈통에서 착안한 독창적인 디자인이다. 10 다다미방은 총 3개. 교토 북부 단고(丹後) 지역 명물 직물을 이용한 방석은 폭신해서 좋다. 다다미 가장자리는 브랜드컬러인 그린으로 마감 처리했다!

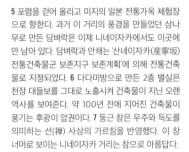

HIGHLIGHT
지은 지 100년이 넘는 자태가 그대로

5 포럼을 걷어 올리고 미지의 일본 전통가옥 체험장으로 향한다. 과거 이 거리의 풍경을 만들었던 삼나무로 만든 담벼락은 이제 니네이자카에서도 이곳에만 남아 있다. 담벼락과 안채는 '산네이자카(産寧坂) 전통건축물군 보존지구 보존계획'에 의해 전통건축물로 지정되었다. 6 다다미방으로 만든 2층 별실은 천장 대들보를 그대로 노출시켜 건축물이 지닌 오랜 역사를 보여준다. 약 100년 전에 지어진 건축물이 풍기는 후광이 압권이다. 7 둥근 창은 우주와 득도를 의미하는 선(禪) 사상의 가르침을 반영했다. 이 창 너머로 보이는 니네이자카 거리는 참으로 아름답다.

도미이에 이런 말을 들으니까 기쁘네요. 오래된 건물이 가진 가장 큰 매력은 그 속에 담긴 역사와 건물의 '기억'이라고 봅니다. 그 기억에서 느껴지는 것을 해치지 않고 그대로 남기는 작업이 중요하죠. 저는 직업 특성상 전면 해체에 가까운 리모델링 공간을 목격하면 속이 상합니다. 하지만 이 건물은 180도 다른 발상이라 기뻤어요.

야나기 건축회사 담당자나 정원사 등 교토 지역에서 자부심을 가지고 일하는 분들과 함께 작업할 수 있었던 점이 좋은 경험이었습니다. 전통가옥의 스케일에 맞게 바카운터를 설치하기 위해 기둥 위치와 천장 높이를 고민하면서 모든 담당자와 여러 차례 만나 상의했습니다.

도미이에 결국 카운터는 건물 구조와 기능상의 이유로 자유롭게 짝을 맞출 수 있는 세퍼릿(separate)으로 설치했어요. 손님을 뜰이 있는 안쪽으로 자연스럽게 유도한 장치가 꼭 '작은 커피여행' 같죠. 이런 색다른 체험이 전통가옥을 맛보는 체험으로 이어지며 하나의 스토리가 완성되었습니다.

야나기 그렇죠. 외국인 관광객이 많은 지역 특성상 신발을 벗고 들어가는 다다미방이 잘 받아들여질지 고민이 많았죠. 그래도 추진을 했고 좌식 방은 특히 다다미에 앉아서 바라보는 시선이 무엇 하나 빠지지 않도록 더욱 정성들여 설계했습니다. 이런 아름다운 체험을 하지 않고는 이 매장을 찾은 의미가 없습니다.

도미이에 맞아요. 체험이라는 점에서는 세월의 흐름에 따라 색과 모양이 바뀌는 경년변화(経年変化)도 마찬가지입니다. 하얀색 가구가 자연스럽게 색이 바래는 모습을 손님들이 보길 바랍니다.

야나기 도장이나 표면처리를 하며 새것처럼 보이게 하는 매장도 있지만 저희 매장은 오히려 백목을 그대로 살린 부분이 많습니다.

도미이에 사실 전 이곳 분위기나 마음 씀씀이가 모두 찻집 같다는 생각을 많이 했어요.

야나기 그건 정말 극찬이네요. 계속해서 스타벅스와 일본문화를 잇는 상징적인 매장으로 남길 바랍니다.

도미이에 히로히사 (富家寛久)
도미이에 건축설계사무소 대표. 1급 건축사. 교토 니시진(西陣) 출신. 전문 분야인 주택 및 매장 설계 외 전통가옥 개보수 업무에도 열정을 쏟는다. 사실은 프라푸치노 마니아.

야나기 가즈히로 (柳和宏)
스타벅스 커피 재팬 점포설계부 건축 & 서스테이너블(sustainable) 디자인팀 매니저. 1급 건축사. 본 매장을 담당한 설계팀원. 좋아하는 음료는 오늘의 커피.

이곳 '옛 세리가노 시마즈가문의 금광산광업사업
소(芹ヶ野島津家金山鉱業事業所)는 원래 이치
카쿠시키노시(いちき串木野市)에 지어졌던 건물
을 1986년에 현재 위치로 이축했다. 일본을 통틀
어 유형문화재에 입점한 3번째 매장이며 규슈 지
역에서는 첫 번째이다

시마즈 가문 상징인 백악관이
커피 향 풍기는 느긋한 공간으로

가고시마

가고시마 센간엔점
(鹿児島仙巌園店)

**KAGOSHIMA
SENGANEN STORE**

가고시마현 가고시마시 요시노초(鹿児島県鹿児
島市吉野町) 9688-1 ☎ 099-248-65511 **영업시
간** 8:00~21:00 비정기 휴무 **좌석수** 70석 **오시
는 길** JR가고시마 중앙역에서 차로 약 20분

photo_Masahiro Tamura text_Yoko Fujimori

사쿠라지마(桜島)를 바라보면서
커피 한잔을.
사쓰마(薩摩) 지역 토박이
파트너의 꿈이 이루어진 곳.

하얀 벽이 눈부신 2층짜리 목조건물. 아치를 그리는 베란다와 둥그런 띠를 두른 지붕이 특징인 이 건물은 1904년에 지어졌으며, 옛 사쓰마 번주인 시마즈 가문이 운영하던 금광업사업소 사무실이었다. 광활한 사쿠라지마가 눈앞에 펼쳐지고 세계문화유산으로 등록된 시마즈 가문의 별장인 센간엔은 바로 코앞이다. 이토록 가고시마다움을 만끽할 수 있는 곳은 어디에도 없을 것이다.

매장 오픈에 얽힌 에피소드가 있다. 현재 점장으로 일하는 가와하라 아오이 씨가 2012년 당시 가고시마현 내에서 10년 만에 계획한 출점장소를 지역점장들과 함께 찾던 중이었다. 우연히 이곳을 지나가다 스친 생각이 있었다. "고객들이 사쿠라지마가 보이는 곳에서 커피를 마셨으면 좋겠다'는 평소 지론과 딱 맞아 떨어지는 곳이었어요." 그 후 건물주인 시마즈흥업에 직접 전화를 걸어 개점을 추진했다. 가와하라 씨의

1 점장 가와하라 씨. '출점이 정해진 순간에는 너무 기뻐 울었다'고 말하며 어느새 눈가에 눈물이 그렁그렁하다. 2 현관이나 지붕의 기와에는 시마즈 가문의 십자 문양이 그려져 있다. 3 사쓰마 기리코를 모티브로 한 커팅방식이 눈을 끄는 카운터. 금광산광업사업소의 역사를 기리며 천장 조명은 황동색으로. 4 2층 플로어 창가 좌석에서 사쿠라지마를 한눈에 볼 수 있다. 대형테이블은 가고시마산 삼나무인 무구재(無垢材)를 사용하였고 격자형 조명펜던트는 사쓰마 기리코의 문양을 표현했다. 5 의자도 황동색이 칠해진 특별 제작품. 6 1층 오른쪽 구석에 있는 플로어에는 사진을 좋아했다는 시마즈 나리아키라(島津斉彬) 씨에 대한 경의를 담아 시마즈 가문의 역사와 커피 관련 사진을 전시했다. 7 매장에서 도보로 5분 거리에 있는 둔치해안은 사쿠라지마의 절경을 감상할 수 있는 핫플레이스다!

널찍한 2층 공간에서 창밖에 보이는 사쿠라지마에 매혹당하다.

애향심이 이루어낸 인연이다.

　지역 명물 직물인 사쓰마가스리(薩摩絣)에서 착안해 남색으로 칠한 매장 창틀이나 난간, 전통유리공예 사쓰마 기리코(薩摩切子)를 모티브로 한 바 카운터, 금광사업소였던 점을 살려 황동색을 포인트로 준 조명 디자인 등 실내인테리어는 가고시마 지역색과 시마즈 가문의 역사가 담긴 아이디어로 가득하다. 매장 바로 옆에는 사쓰마 기리코 공방이 있어 장인들이 휴식 차 들르기도 해서 끈끈한 연을 이어간다.

　센간엔에 사쓰마 기리코 공방, 그리고 사쿠라지마를 한눈에 볼 수 있는 해안 가까지. 가고시마의 매력이 듬뿍 담긴 장소이니만큼 점장 기와하라 씨는 이곳 매장을 방문할 때는 시간을 넉넉히 두고 찾아달라고 전한다.

COLUMN

전통유리공예 '사쓰마 기리코' 장인이 펼치는 기술을 눈앞에서 볼 수 있다.

매장 근처에는 사쓰마 기리코를 제작하는 '사쓰마 유리공예관'이 있다. 메이지(明治)시대에 끊어진 사쓰마 기리코 기술을 재현한 공방으로, 모양 만들기, 자르기, 갈고 닦는 연마 등 모든 제작공정을 견학할 수 있다. 섬세한 문양이나 사쓰마만의 영롱한 색감은 감동적일 정도다. 공예관 옆에 있는 전시관에서는 다양한 유리공예품을 구경하고 살 수도 있다.

유리공예 / 가고시마현 가고시마시 요시노초(鹿児島県鹿児島市吉野町) 9688-24 ☎099-247-2111
영업시간 9:00~17:00 (브레이크타임 있음) 월요일, 3번째 주 일요일 휴무(공휴일인 경우 영업함)
전시관 영업시간 8:30~17:30 연중무휴 **오시는 길** JR가고시마 중앙역에서 차로 약 20분

KAGOSHIMA
CITY

AREA MAP

일본 유명 정원인 '센간엔'은 도보로 3분. 지역 명물 점보모찌는 꼭 먹어 보길 바란다.

메이지시대 분위기에 젖어
세월을 더해간 양옥집에서 휴식을.

위/ 흰색과 녹색으로 칠한 외관에 나무로 만든
이런 로고가 조화를 이룬다. 건물 앞에는 과거 자
료전시관 시절에 사용한 조그만 입장권 판매소가
남아 있다. 아래/ '클라라'라는 여자가 살던 집을
콘셉트로 한 실내인테리어는 각 방마다 다르게 꾸
며졌다. 사진은 창문이 많은 일광욕실이다.

photo_Masahiro Tamura text_Yoko Fujimori

유형문화재로 등록된 건축물에 처음으로 입점한 시작점이 되는 장소

1 창문 너머로 본 1층 라운지. 유리 너머로 굴곡이 생겨 흐릿해 보이는 일명 아쿠아유리는 레트로 감성을 자아내서 예스러운 느낌을 준다. 2 다이닝룸이 있는 2층 벽면에는 커피를 주제로 한 사진과 예술작품이 걸려 있다. 3 클라라의 집이라는 설정에 맞춰 각 방에는 이렇게 이름표를 걸어 놓았다. 4 라운지에서 바라본 바카운터. 양옥집에서 흔히 볼 수 있는 대형 문틀이 마치 액자처럼 뒤에 보이는 풍경을 도려낸다.

03

효고

고베 기타노 이진칸점
(神戸北野異人館店)

KOBE KITANO IJINKAN STORE

효고현 고베시 주오구 기타노초 3-1-31 기타노 모노가타리관(兵庫県 神戸市中央区 北野町3-1-31 北野物語館) ☎ 078-230-6302 **영업시간** 8:00~22:00 비정기 휴무 **좌석수** 74석 **오시는 길** 고베시영지하철 세이신 야마노테센 산노미야역(西神·山手線 三宮駅)에서 도보 11분

KOBE CITY

AREA MAP
양옥집 20여 개가 남아 있는 고베 기타노 이진칸 거리. 유명한 '가자미도리관(風見鶏館)'까지 도보로 3분 정도 걸린다.

이곳 '고베 기타노 이진칸점'은 '지금까지 없었던 스타벅스'가 탄생한 기념비적인 등장이라 할 수 있다. 역사적인 건물을 그대로 되살린 첫 매장으로, 레트로한 메이지시대에 지어진 양옥집과 스타벅스가 결합했다는 이유만으로 세간의 이목을 끌었다. 지금으로부터 10여 년 전인 2009년 3월의 일이다.

매장 탄생의 주역인 점포개발부 서일본개발그룹 팀 매니저인 다카야 슌스케 씨는 당시 스타벅스가 새로운 매력을 찾고 있었다고 전한다. 그러던 중에 만난 것이 지은 지 110여 년이 된 하얀 바탕에 초록색이라는 스타벅스 대표 컬러로 칠해진 저택이었다. 이진칸 거리 중에서도 번화가인 기타노자카(北野坂)에 지어진 미국인 MJ셰 씨가 소유하던 집으로, 외관이 원래부터 이런 배색이었다는 사실을 듣고 왠지 운명이라고 느꼈다고 한다. 이런 외관에 어울리도록 주문 제작한 목재 사이렌은 일본에서도 유일무이하다.

메이지시대에 지어진 서양식 디자인을 한 매장은 천장에 샹들리에가 빛나고 계단에는 붉은 융단이 깔려 있다. 세월이 흐르며 조금씩 뒤틀린 난간도 정취가 있다. 지역 특성상 국내외 관광객으로 언제나 북적대지만 이른 아침이나 석양이 질 즈음이면 차분한 고요함도 감돈다. 곳곳에서 볼 수 있는 이 집과 동년배인 앤티크 가구는 다른 매장에는 없는 아이템이다. 2층 일광욕실 소파에 앉아서 커피를 마시고 있자면 친구 집에 놀러 온 듯한 평안함을 느낀다. 건물이 원래 가진 장점을 최대한 살리고 당시 살던 사람들의 분위기를 전하고 싶었다는 다카야 씨. 이런 정신은 '교토 니네이자카 야사카차야점'(p.10) 등 옛 건물에 입점하는 후속 매장에도 꾸준히 적용되고 있다. 이진칸 거리 언덕길을 걷다 지칠 때면 이곳을 들러 보시길 바란다. 개인저택에서 느낄 수 있는 포근함으로 늘 손님을 맞이할 것이다.

1 삼각형 지붕인 2층짜리 창고에 어울리는 사이렌. 메이지시대에 지어진 붉은 벽돌 창고가 남아있는 '가네모리 벽돌 창고' 한구석에 2010년 10월 오픈했다. 하코다테산이 한눈에 들어오고 테라스석에는 눈앞에 배가 오가는 바다가 펼쳐진다. 2 주부 파트너인 지카다 구미코 씨(제일 앞)도 근무 중. 장기인 밝은 미소로 고객을 대한다! 3 분위기 있는 바닥재와 계단은 과거 창고였던 시절에 사용한 목재를 그대로 살렸다. 4 매장 인테리어로, 부둣가라는 지역 요소에서 착안하여 선박용 문을 달았다. 5 스토브 불을 피우는 시기는 첫눈이 내리는 11월이다. 소파에 앉아 몸을 녹이고 있자면 더할 나위 없이 호사를 누리는 기분이 든다.

항구도시 특유의 풍취가 느껴지는 창고 거리
국내외에서 찾는 이들이 수없이 오가는 곳

03

홋카이도
하코다테 베이사이드점
(函館ベイサイド店)

 HAKODATE
BAYSIDE STORE

홋카이도 하코다테시 스에히로초 24-6 하코다테 서쪽 선착장(北海道 函館市 末広町24-6 函館西波止場) ☎ 0138-21-4522 영업시간 8:00~23:00 비정기 휴무 좌석수 121석 오시는 길 JR하코다테역 북쪽 출구에서 도보 20분

HAKODATE
CITY

AREA MAP
'가네모리 붉은 벽돌 창고(金森赤レンガ倉庫)'에는 레스토랑과 특산품 판매점도 많다. 하코다테산 케이블카 승강장까지 도보 약 15분.

'대형 크루즈선박이 하코다테항에 도착하면 매장은 해외에서 온 손님으로 가득 찹니다. 그럴 때면 과연 항구도시구나 하고 실감합니다'라고 말하는 점장 나가사키 미호 씨. 매장이 들어선 지역은 메이지시대 서양 감성이 엿보이는 하코다테 서쪽 선착장이다. 역사가 깃든 붉은 벽돌로 만든 창고들이 즐비한 관광명소로, 하코다테항을 제일 가까이서 느낄 수 있는 최고의 위치에 자리했다. 1990년대에 문을 연 이 매장은 과거 창고로 쓰던 곳으로, 외관을 옛 모습 그대로 살려 항구도시 풍경에 녹아들도록 디자인했다. 사실 하코다테는 항구와 언덕길 등 스타벅스 발상지인 시애틀과 공통점이 많은데 매장 건물이 항구 옆이라는 입지 또한 시애틀 1호점인 파이크 플레이스 마켓점과 닮았다.

그리고 이산화탄소 저감을 위해 홋카이도 지

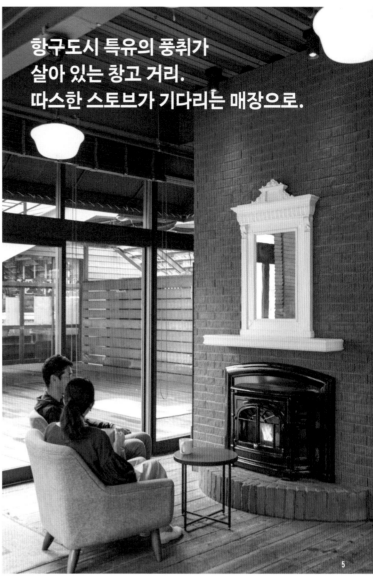

항구도시 특유의 풍취가
살아 있는 창고 거리.
따스한 스토브가 기다리는 매장으로.

역 간벌재(間伐材, 솎아베기한 목재-역자 주)로 만든 연료인 '펠릿(pellet)'을 사용하는 스토브가 설치된 점도 이 매장만의 특징이다. 활활 불을 태우며 가을부터 초봄까지 매장을 따듯하게 데워준다. 흔들리는 불꽃을 보면서 따끈한 라테를 즐기다 보면 시간 가는 줄 모른다.

층고가 높은 창고건물의 특징 덕분에 매장은 눈앞이 탁 트여 개방감이 느껴진다. 1층에서는 도난(道南) 지역 목재로 만든 커다란 커뮤니티테이블이 손님을 맞이한다. 아시아, 유럽, 미국에서 온 관광객과 러시아 유학생, 수학여행 온 학생들까지 다채로운 고객층으로 매장은 붐빈다. 그런 가운데 애견과 함께 찾은 단골손님이 테라스석에서 느긋하게 시간을 보내는 모습도 인상 깊다.

하코다테는 야경으로도 유명한 도시다. 밤 11시까지 영업하는 이 매장은 저녁식사 후 산책길에 들르는 손님도 많다고 한다. 아무리 얼어붙은 겨울밤이라도 파트너의 미소와 스토브의 불꽃이 매장을 따스하게 밝혀준다.

6 펠릿은 도카치(十勝) 지역 낙엽송 간벌재를 사용했다. 7 점장 나가사키 미호 씨는 하코다테 출신이다. "눈발이 날리는 겨울에 매장에서 붉은 벽돌 창고들을 바라보면 좋아요." 8 2층 소파 자리도 인기 좌석. 이 밖에도 식탁 느낌으로 마주 보고 앉을 수 있도록 배치한 좌석도 있고, 전체적으로 테이블 간 거리를 넉넉하게 둔 점도 매력이다.

photo_Kenya Abe text_Yoko Fujimori

손님을 맞이하는 파트너의 활기가 느껴지는 바카운터는
과거 회의실로 쓰던 곳이다. 다이쇼시대 모던함이 감도는
공간으로, 지역에서 자라는 너도밤나무를 사용한 부나코
(BUNACO) 조명과 조화를 이룬다.

05

아오모리

히로사키 코엔마에점
(弘前公園前店)

HIROSAKI
KOENMAE STORE

아오모리현 히로사키시 가미시로가네초 1-1(青森県
弘前市 上白銀町1-1) ☎ 0172-39-4051 **영업시간**
7:00~21:00 비정기 휴무 **좌석수** 52석 **오시는 길** 고
난철도 오와니선(弘南鉄道 大鰐線) 주오히로사키역
에서 도보 약 18분

당시 호화로운 건축양식은 그대로
시크한 바카운터가 맞이한다

photo_Masahiro Tamura text_Yoko Fujimori

에도시대 쓰가루지방(津軽地方)
에서 발달한 고긴자수와
부나코 조명 등 전통공예가
곳곳에 스며들어 있다.

이곳은 유형문화재 건물에 입점한 2번째 매장으로, 벚꽃 명소인 히로사키공원 바로 앞에 위치했다. 건물은 1917년에 육군인 '제8사단장 관사'로 지어졌고 빨간 삼각형의 '왕지기와(합장형인 맞배지붕 한쪽 측면의 삼각형 부분을 이름-역자 주)'가 눈에 띄는 당시 장인들의 기술이 응축된 양옥집이다.

2015년 4월 문을 열 당시 히로사키시에서 걸었던 조건 하나는 건물을 가능한 한 예전 그대로 남겨 두는 것이었다고 한다. 그 뜻을 받아들여 과거 회의실로 쓰던 고급스러운 바카운터에는 호화로운 격천정(格天井)과 위아래로 밀어서 여닫는 클래식한 창틀이 소중하게 남아 있다.

앞뜰을 바라보는 플로어는 이전에는 다다미방이었다. 마룻바닥으로 리모델링했지만 창문 위쪽에 낸 작은 창과 미닫이 유리문은 예전 정취 그대로 남겨 두었다. 이런 공간

쓰가루지방 전통공예로 꾸민
빨간 지붕의 역사 깊은 양옥집

에 새로운 향신료처럼 포인트를 준 것이 바로 지역 공예품과 예술품이다. 그중에서도 쓰가루지방에서 전해 내려오는 고긴자수를 수놓은 소파는 매장과 지역과의 상생을 뜻하는 소품으로, 이 소파에 앉아서 앞뜰을 바라보는 기분은 참으로 좋다.

파트너 미우라 리나 씨는 "히로사키 벚꽃축제 기간에는 매장 건물을 빙그르르 둘러쌀 정도로 엄청난 행렬이 이어집니다. 평소에도 유형문화재인 매장을 보러 오신 고객분들과 건물이나 히로사키에 대한 이야기를 나눌 수 있어 즐겁습니다."라고 말한다.

이 자리에서 바라보는 공원이 보기 좋다며 한 손에 신문을 들고 매일같이 찾아와 커피를 즐기는 단골손님도 있다. 이곳은 누구나 자랑하는 랜드마크가 된 히로사키 지역문화가 한가득 담긴 매장이다.

1 아오모리현산 너도밤나무를 테이프처럼 얇게 잘라서 동그랗게 말아 다양한 모양으로 공예품을 만드는 부나코. 손님석에 놓은 스탠드 갓도 부나코 제품이다. 2 원래 비어있었다는 히로사키공원 쪽에 있는 방. 현재는 벽면에 제8사단장 관사 시절 사진과 히로사키시 관련 사진이 걸려 있다. 3 맞배지붕의 한쪽 측면인 삼각형 왕지기와가 특징인 양옥집. 이축을 거쳐 지금은 히로사키시청 부지에 있으며 1951년부터 시장 공관으로 쓰였다. 4 객실 벽면은 가리비회반죽과 현 내 매장 네 곳에서 모은 커피찌꺼기를 섞어 만들어 독특한 질감을 느낄 수 있다. 5 밝은 미소로 손님을 대하는 지역출신 파트너. 6 부나코 조명이 매장을 포근히 비춰준다. 7 '히로사키 고긴자수연구소'(왼쪽 칼럼 참조)에서 만든 소파 커버. 모던하면서 기하학적인 문양이 눈길을 끈다.

COLUMN

유명 건축가가 지은 건물에서 히로사키의 전통공예를 만나다

매장 근처에는 소파 커버에도 수놓은 고긴자수연구소가 있다. 에도시대부터 쓰가루지방에서 전해 내려온 자수기법인 고긴자수는 따듯하고 튼튼하게 만들기 위해 삼베에 무명실로 수를 놓았다. 아름다운 기하학 문양이 특징이다. 또한 연구소 건물은 건축가 마에카와 구니오(前川國男) 씨의 처녀작으로 견학도 가능하니 꼭 들러보길 바란다.

히로사키 고긴연구소 / 아오모리현 히로사키시 자이후초 61(青森県 弘前市 在府町61) ☎ 0172-32-0595 영업시간 9:00 ~ 16:30 토, 일, 공휴일 휴무 오시는 길 JR히로사키역에서 차로 약 10분. 매장에서 도보로 10분 정도.

HIROSAKI
CITY

AREA MAP

중심가에 자리 잡아 히로사키성이 있는 히로사키공원이 바로 코앞이다. 명산인 이와키산(岩木山)도 한눈에 볼 수 있다.

20세기 초반 분위기를 풍기는
서양식 기차역사에 새로운 매장이 들어섰다

06

에히메

도고온센에키샤점
(道後温泉駅舎店)

DOGO ONSEN EKISHA STORE

에히메현 마쓰야마시 도고초 1-10-12(愛媛県 松山市 道後町 1-10-12) ☎ 089-915-8155 **영업시간** 8:00~21:00 비정기 휴무 **좌석수** 53석
오시는 길 이요철도(伊予鉄道) 도고온천역사

석양이 물드는 스타벅스 도고온천역사점. 빗물에 촉촉이 젖은 외관은 고즈넉해서 메이지시대로 타임슬립한 것 같다.

photo_Masahiro Tamura

나쓰메 소세키(夏目漱石)도 자주 찾던 도고온천에서 커피와 건축물을 만끽한다.

MATSUYAMA
CITY

AREA MAP

일본 3대 온천으로 알려진 도고온천 본관까지 도보 5분. 중요문화재이기도 한 일본 근대건축 양식인 역사는 반드시 들러야 할 필수코스다.

나쓰메 소세키의 대표작《도련님(坊っちゃん)》의 무대로도 잘 알려진 에히메현 마쓰야마시. 그곳 도고온천 기차역사에 2017년 12월 스타벅스가 입점했다. 메이지시대부터 역사를 이어온 2층짜리 기차역사는 1986년에 복원하여 현재의 모습을 갖춘 지 어느새 3대째이다. 격자형 창문과 용마루 지붕, 천연 슬레이트기와도 아름답고, 나무 외벽은 흰색과 진녹색으로 칠해져서 스타벅스 로고와도 잘 어울린다. 일직선 모양인 우아한 건물 자태는 과거 문명개화기의 밝은 기운을 21세기 현재로 전한다. 석양빛이 짙어지면 건물 전체에 조명이 비치고 해가 떠 있던 시간대와는 또 다른 표정을 짓는다. 이 광경은 포근하고도 중후한 분위기를 자아내어 사람들에게 인기를 모은다.

매장에 들어서면 바카운터 뒤로 이요철도의 노면전차 플랫폼이 보인다. 유리창 너머로 쉴 새 없이 움직이는 감귤색 전차를 보노라면 눈도 귀도 호강한다는 생각에 기분이 좋아진다. 출근 시간에는 단골손님도 많이 찾아서 토박이 파트너들과 축제 일정에서 맛집 정보까지 이야기꽃이 끊이지 않는다.

2층은 넓은 공간에 소파와 테이블이 즐비하다. 한가운데에 자리한 긴 테이블 위에는 실제로 철도노선에 쓰인 침목과 선로 레일이 놓여 있다. 벽에는 철도 스탬프와 패스포트, 그리고 원두를 모티브로 만든 예술품이 걸려 있다. 여행과 철도를 주제로 꾸민 공간에서 켜켜이 쌓인 시간에 물들 듯 특별한 시간을 만끽하고 싶다.

매장에서는 눈에 익은 감귤색 노면전차와 함께 메이지시절부터 오랜 세월 달린 "성냥갑 같은 기차(マッチ箱のような汽車)"(소설《도련님》중)를 복원한 봇짱열차(坊っちゃん列車)를 볼 수 있다. 출발역이라 1시간 간격으로 출발과 도착을 거듭하며 열차가 방향을 바꾸는 진풍경도 감상할 수 있는 명소이다.

이요철도의 명물 봇짱열차!

파트너가 서 있는 바로 뒤로 노선전차가 지나간다. 건축물 기행을 즐기는 여행객뿐만 아니라 기차를 좋아하는 사람들도 가볼 만한 여행지이다.

문명개화기의 숨결을 느끼며
호박색 시간에 물든다.

1 2층 테이블석. 윈저 체어가 공간에 리듬감을 더해준다. 한가운데에는 긴 테이블과 함께 편하게 앉을 수 있는 스툴이 있다. 2 이요철도역 선로 쪽에서 바라
본 매장. 3 여기는 1층 벤치 좌석. 역 대합실 같은 멋스러움과 더불어 안락함을 느낄 수 있다. 4 노트북을 펼쳤어도 조급함과는 거리가 멀다. 단골손님들은 각
자 지정석이 있는 것 같다. 5 긴 테이블과 바카운터가 있는 프런트에는 실제로 기차선로에 쓰인 침목이 놓여 있다. 6 2층에서 바라본 바깥 풍경. 에히메현을
상징하는 감귤색 노면전차뿐만 아니라 옛날식 열차도 많이 볼 수 있다. 기차 모양이 다양해서 오랫동안 보고 있어도 질리지 않는다.

창고식 건물이 즐비한 전통 거리에 대한 존중,
가와고에와의 교류를 표현한 스타벅스

07

사이타마

가와고에
가네쓰키도리점

 **KAWAGOE KANETSUKI DORI
STORE**

사이타마현 가와고에시 사이와이초 15-18(埼玉県
川越市 幸町 15-18) ☎ 049-228-5600 **영업시간**
8:00~20:00 비정기 휴무 **좌석수** 77석 **오시는
길** 세이부 신주쿠선(西武新宿線) 혼카와고에(本川
越)역에서 도보 19분

　가와고에에는 에도시대 성곽 주변에 상인들이 모여 사는 지역인 조카마치(城下町)
로 지금도 계획도시답게 옛 모습 그대로 남아 있다. '고에도 가와고에(小江戸川越, 작
은 에도 가와고에)'라는 별칭으로 잘 알려진 도쿄 근교에서도 유명한 관광명소다. 현재
도 하루 4번 울리는 시계탑 '도키노카네(時の鐘)'는 이미 랜드마크로 자리 잡았다. '가
네쓰키도리(鐘つき通り)'는 중후한 분위기를 풍기며 과거에 창고로 쓰인 집들이 남아
있는 가와고에 지역의 상징이다. '가와고에 가네쓰키도리점'은 사이타마현 삼나무로
만든 고급스러운 일본식 가옥으로 전통 거리와 조화를 이루도록 전통방식으로 새로
지었다. 매장은 안쪽으로 좁고 깊게 들어가는 중앙 통로가 있는 마치야 구조로, 안쪽에
는 일본식 정원이 펼쳐진 테라스가 있다. 집 창고를 지을 때 쓰는 회반죽에서 착안해 만
든 바카운터, 가와고에 전통직물인 '가와고에 도잔(川越唐桟)'을 사용한 벤치시트, 일
본화(日本繪畵)를 걸어 놓은 모던한 공간에 '시계탑' 종소리가 은은히 울려 퍼진다.

**기모노를 입고 산책하고
프라푸치노 한 모금 하면서 휴식을 즐긴다.**

1 2018년 3월 개점. 격자형 창문과 맞배지붕이 눈길을 끄는 아름다운 외관. 전통 마치야 토방 구조로 지었다는 입구는 바카운터에서 이어지는 긴 테이블이 개방감을 주어 상쾌한 분위기를 자아낸다. 주위 경관에 어울리도록 하얀 삼베로 만든 포럼에 프린트한 사이렌 로고도 새롭다. 2 이곳에서는 기모노를 입은 젊은이들을 자주 볼 수 있다. 이 또한 지역의 볼거리로, 그녀들은 지금 계절 한정 프라푸치노를 즐기고 있다. 3 가와고에 전통직물인 '가와고에 도잔'으로 만든 벤치 등받이 천을 파트너가 매화매듭으로 묶었다. 4 테라스석에서는 고산수(枯山水, 동양의 정원 구성양식의 하나로, 식물과 물이 없이 이루어진 정원-역자 주)와 물이 흘러내려 가면 '탁' 소리를 내며 다시 올라오는 대나무 물레방아인 첨수(添水)가 있는 정원을 만끽할 수 있다. 5 예스러운 외관과는 달리 테라스에서 바라본 건물은 유리창이 현대식이라 모던한 느낌이다. 6 매장에는 많은 예술작품이 걸려 있다. 다이쇼시대 맹장지에 그린 그림을 지역 삼나무로 만든 액자에 넣어서 전시하고 있다.

'가와고에 창고 거리는 관광지이지만 이곳은 관광객뿐만 아니라 주민들의 휴식처가 되었으면 좋겠다'는 바람을 전하는 점장 스다 나오코 씨. 이웃들에게 편안한 안식처가 되고 새로운 커뮤니티 공간으로 거듭나기를, 가와고에 사람들에게 없어서는 안 되는 존재이길 바라는 마음이 여기에 있다. 정원을 바라보면 기분이 좋아진다며 개점 이래 하루도 빠지지 않고 찾는다는 일가족도 테라스석에 앉아 있었다. 이 매장이 이미 창고 거리에 스며들었음을 알 수 있다.

지금은 나무 외벽이 밝은 색이지만 세월이 흐르며 창고 거리에 어울리는 색으로 변할 것이다. 이런 시간의 흐름과 함께 자연스러운 색을 띠는 모습이야말로 전통건축의 미덕이 아닐까 싶다. 하얀 나무가 새로운 색으로 물드는 세월만큼 이웃과 소통하는 시간도 더해간다. 현재 이곳은 거리에 뿌리내리며 이웃과 교류하는 매장으로 천천히 성장 중이다.

KAWAGOE
CITY

AREA MAP

창고 거리는 창고형 집들이 즐비한 유명 관광지이다. 가와고에의 상징인 '도키노카네'도 바로 옆에 있다.

photo_Kenya Abe   text_Yoko Fujimori

JIMOTO made series

지역색이 물씬 풍기는 컵에 둘러싸인 스타벅스

일본 각 지역의 특화산업과 소재를 활용한 스타벅스 JIMOTO made series.
생산지에 있는 매장에서만 판매하는 지역한정 MD를 찾아 떠나는 여행도 즐겁다.

1 SUMIDA 스미다
墨田 (도쿄)

**아이스 음료를 담는 세련된
에도키리코(江戸切子) 유리컵**

에도시대부터 전해져 온 세 가지 전통
문양인 '칠보(七宝)', '팔각긴눈(八角籠
目)', '우박(あられ)'이 들어간 희귀한
디자인 컵. '스미다 에도키리코관(すみ
だ江戸切子館)' 장인이 정성껏 만들었
다. 375ml 35,000엔

2 TSUGARU 쓰가루
津軽 (아오모리)

**아오모리의 푸르름을 비드로
(vidro) 유리로 재현했다.**

무쓰만(陸奥湾) 부근에서 시작한 어업
용 부자(浮子)의 제조법을 응용해서 만
든 유리공예품인 쓰가루 비드로. 그 기술
을 이용해 쓰가루, 아오모리, 히로사키,
고쇼가와라(五所川原)의 자연요소를 유
리컵으로 재현했다. 266ml 2,800엔

JIMOTO made series

지역 특화산업과 지역민을 아끼는 마음에서 탄생
한 시리즈. 그 지역 장인들과 협업해서 만든다. 도
자기, 유리공예, 목공 등 명산지에서 하나하나 정
성껏 만든 장인들의 솜씨에도 주목하길 바란다.

3 KAGA 가가
加賀 (이시카와)

이시카와현 구타니지방에서 만든 구타니야키(九谷焼) 전통방식을 이용한 스태킹 머그

360년 역사를 자랑하는 구타니야키 스태킹 방식으로 만들었다. 현란하고 화사한 세계관을 표현한 머그 4종. 티코스터 4종 별매. 237ml 4,500엔

4 TOTTORI 돗토리
鳥取 (돗토리)

겐즈이 가마(玄瑞窯) 장인이 만든 머그컵

돗토리 해변과 하늘이 떠오르는 선명하고 산뜻한 파란색이 특징이다. 커피의 깊은 향을 음미할 수 있도록 입지름을 좁힌 물방울 형태로 만들었다. 355ml 4,000엔

5 MIYAJIMA 미야지마
宮島 (히로시마)

이쓰쿠시마신사(厳島神社)에 있는 신성한 흙을 섞어 만든 '미야지마야키(宮島焼)'로 차 한잔을

세계문화유산 '이쓰쿠시마신사' 어용 가마인 '야마네타이겐도(山根対厳堂)'에서 손수 만든 머그컵. 히로시마다운 단풍잎 문양이 그려져 있다. 444ml 6,500엔

6 SASEBO 사세보
佐世保 (나가사키)

사세보 감성을 컵에 담아

일본에서 제일 처음 커피 잔을 만들었다고 전해지는 미카와치야키(三川内焼). 당시의 형태를 현대에 되살리며 항구도시인 사세보의 풍경을 담아냈다. 177ml 6,600엔

7 HIDATAKAYAMA 히다타카야마
飛騨高山 (기후)

나무와 옻칠로 되살린 우아한 커피타임

옻칠을 한 히다타카야마다운 나무컵. 다카야마진야(高山陣屋) 특유의 문양에서 영감을 얻은 디자인도 아름답다. 207ml 5,900엔.

8 CHIKUZEN 지쿠젠
筑前 (후쿠오카)

커피 향을 즐기는 둥그스름한 디자인

큰 곡선을 띠며 입지름을 좁힌 물방울 드롭컵에 커피 향을 담았다. 따스함이 느껴지는 고이시와라(小石原) 전통기법인 '도비칸나(飛鉋)' 문양도 멋스럽다. 414ml 4,800엔

9 HKOKA 고카
甲賀 (시가)

귀여운 너구리의 배를 모티브로

시가라기야키(信楽焼)는 너구리가 대표적인 장식물이다. 그 풍만한 너구리의 복부를 모티브로 만든 머그컵. 온기가 느껴지는 흙의 독특한 질감이 특징이다. 325ml 3,800엔

photo_Satoshi Nagare styling_Miwako Nakane text_Tomoko Yanagisawa

긴자 마쓰야도리점

도쿄도 주오구 긴자 3-7-14 ESK빌딩 1·2층(東京都 中央区 銀座3-7-14 E S K ビル 1/2F) ☎ 03-5250-2751 영업시간 7:00~22:30, 금·토 ~23:00 비정기 휴무 오시는 길 도쿄메트로 긴자역 A12 출구에서 도보 2분 * 긴자마쓰야(銀座松屋) 뒤.

GINZA MATSUYA DORI STORE

일본 스타벅스는 여기서 시작했다

───── 긴자 마쓰야도리점 (銀座松屋通り店)

일본 스타벅스 1호점이 긴자에 있다는 사실을 아는 사람은 의외로 드물 것이다. 때는 바야흐로 1996년 8월. 일본에 스타벅스를 들여온 설립자이자 전 CEO 쓰노다 유지 씨에게 20여 년의 이야기를 들었다.

작은 골목길이 교차하는 사이에 자리한 2층짜리 건물. 여기가 1호점으로 안성맞춤이었다.

스타벅스 커피 재팬 초대 대표이사 겸 최고경영자
쓰노다 유지 씨 인터뷰

'스타벅스 커피 재팬'이 걸어온 4반세기와 나아갈 길

Interview with

진한 파란색 스웨터를 입은 신사가 매장에 나타나자 파트너들의 눈은 반짝하고 빛이 났다. 그 노신사는 바로 '스타벅스 커피 재팬'의 창업자 쓰노다 유지 씨다. 파트너들은 그를 친근하게 '유지 씨'라고 부른다. 그는 퇴임 후에도 영원한 존경의 대상이며 동시에 아버지와 같은 존재이다.

쓰노다 씨가 스타벅스를 알게 된 것은 1992년 봄이다. 로스앤젤레스에서 경영하던 레스토랑 '차야 브라젤리'가 큰 성공을 거둘 무렵 우연한 기회에 스타벅스 매장에 들른 것이 첫 만남이었다.

"베니스비치에 막 오픈한 로스앤젤레스 1호점이 있었는데 커피 향이 너무도 좋아서 나도 모르게 들어갔어요. 맛있는 커피와 일하는 사람들의 밝은 미소를 보며 깜짝 놀랐죠. 어쩜 저렇게 밝게 웃을 수 있을까 싶어서 말이죠. 그래서 편지를 썼습니다."

그렇다. 쓰노다 씨는 스타벅스 사장님의 이름도 모른 채 미국 본사로 편지를 보냈다. 스타벅스 팬들 사이에서 유명한 전설의 서막이다.

"당신네 가게 커피와 점원들의 밝은 미소는 멋지다. 하지만 음식은 개선할 필요가 있다고 솔직히 적었어요.(^^). 제가 '사자비(현, SAZABY LEAGUE)'에서 '애프터눈 티(Afternoon tea)'라는 카페 관련 일을 할 때라 베이커리 쪽 지식도 있어서 같이 일하면 재미있지 않을까 하고 생각했죠." 그러던 어느 날 시애틀에서 전화가 걸려왔다. 하워드 슐츠(현 명

예회장)였다. "유지! 당신이 말한 그대로예요. 한번 만날래요? 라고 연락이 왔어요. 매장에 머그컵 같은 MD상품을 진열하는 제안형 스타일과 집에서 가깝고 작지만 호사를 누리는 서비스가 '애프터눈 티'와 닮았다고 느꼈어요. 그런 비슷한 가치관을 하워드도 직감한 것 같아요."

두 사람의 만남을 계기로 계약을 맺고 북미 지역을 제외한 첫 매장으로 일본이 결정된다. 1996년 8월 2일, 이렇게 긴자 마쓰야도리점이 개점한다.

긴자 모퉁이에 태어난 일본의 첫 제3의 장소(third place)

쓰노다 씨는 처음부터 대로변에는 관심이 없었다. 백화점에서 물건을 사서 귀갓길에 들르는, 근처에 사무실도 많은 장소를 눈여겨보았다. 그렇게 찾던 중 평일 휴일 할 것 없이 유동인구가 많은 이곳이 최적이라고 판단했다고 한다. 분명 뒷골목인데도 매장은 오픈 첫날부터 문전성시를 이루었다. 개점 초기에는 인파가 몰린 나머지 벽면에 흠집이 자주 생겨서 몇 개월 간격으로 도배를 할 정도였다고 한다.

"오픈 첫날은 날씨가 정말 더웠는데도 많은 사람들이 줄을 서서 기다려서 감동했습니다. 당시는 이미 해외여행이나 주재생활을 하며 스타벅스를 알던 사람도 많아서 타이밍이 좋았던 것 같습니다."

컵 사이즈나 메뉴를 바꾸지 않고 미국식 그대로 들여온 것도 쓰노다

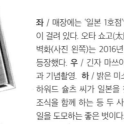

좌 / 매장에는 '일본 1호점'임을 알리는 팻말이 걸려 있다. 오타 쇼고(太田翔伍)씨가 그린 벽화(사진 왼쪽)는 2016년 여름 리뉴얼하며 등장했다. 우 / 긴자 마쓰야도리점 파트너들과 기념촬영. 하 / 밝은 미소를 띤 쓰노다 씨. 하워드 슐츠 씨가 일본을 찾을 땐 호텔에서 조식을 함께 하는 등 두 사람은 지금도 같은 일을 도모하는 좋은 벗이다.

쓰노다 유지(角田雄二)
1941년 1월 6일생. 가나가와(神奈川)현 출신. 1995년 10월 '스타벅스 재팬' 설립. 12년 동안 대표이사로 근무했다. 좋아하는 음료는 아메리카노.

Mr. YUJI TSUNODA

컵 홀더에는 이런 글씨가!

씨의 과감한 선택이었다. 카페라떼와 카푸치노의 차이점을 알고, 기호에 맞게 바꿔 먹는(customize) 재미가 일본에 서서히 침투했다.

누가 뭐래도 쓰노다 씨는 스타벅스 커피문화를 일본에 뿌리내리고 성장시킨 장본인이다. 마지막으로 스타벅스가 일본에 들어온 지 23년째를 맞이하는 기분은 어떤지 물었다.

"스타벅스의 매력은 바로 '사람'입니다. 커피 맛은 물론 제일 중요한 것은 파트너의 밝은 미소죠. 이건 1996년부터 변하지 않았습니다. 눈앞에 있는 고객을 행복하게 하려면 어떻게 해야 할까를 생각하면 자연스럽게 미소가 떠오릅니다. 상대방의 약점이 아닌 장점을 찾는 하워드 슐츠가 강

조하는 휴머니티에 공감하는 것도 여기까지 올 수 있었던 이유겠지요."

곧 문을 여는 로스터리에 대해서도 말을 아끼지 않았다. 일본은 세계가 주목하는 트렌드세터와 같은 존재로 로스터리 오픈은 매우 시기적절하며 일본인의 커피에 대한 사랑과 힘을 전하는 멋진 공간이 될 거라고 호언장담했다.

"저는 파트너들과 함께 일할 수 있어서 기뻤습니다. 계속해서 마음이 따스해지는 미션을 우직하게 해나가길 바랍니다."

'스타벅스 커피 재팬'의 아버지는 누구보다도 따스한 시선으로 일본 스타벅스의 미래를 눈여겨보고 있다.

photo_Masahiro Tamura text_Yoko Fujimori

주홍색 석양에 물든 것은 여객선인가, 아니면 우
주선인가. 밤에 보면 고베 포트타워의 일루미네이
션과 한데 어우러져 SF세계로 빨려 들어간 느낌을
준다.

마치 항구에 정박한 대형선박 같다
고베항에서 커피 크루즈여행을

08

효고
고베 메리켄파크점
(神戸メリケンパーク店)

 KOBE
MERIKEN PARK STORE

효고현 고베시 추오구 하토바초 2-4(兵庫県 神戸市中央区
波止場町2-4) ☎ 078-335-0557 **영업시간** 8:00~22:00
비정기 휴무 **좌석수** 105석 **오시는 길** 고베시영지하철 가이간
센(海岸線) 미나토 모토마치(みなと・元町)역에서 도보 13분

Experience Something
Extraordinary

PART 2

특별함을 맛보러 가다

평소와 다른 시간을 맛보는 것도 스타벅스 여행의 묘미.
바다, 공항, 숲속 등 일상을 잠시 잊고 조금 특별한 장소로 떠난다.

photo_Masahiro Tamura text_Yoko Fujimori

배를 주제로 한 절묘함이
공원에 활기를 가져온다.

아침에 보면 수면에 닿는 빛에 반짝반짝 반사하는 배처럼, 노을이 지는 저녁에 보면 따스한 빛에 둘러싸인 우주선처럼도 보이는 이 매장은 언제 방문해도 늘 드라마틱하다. 고베 포트타워와 한 장면에 넣어 바라보면서 걸으면 그곳에 대한 기대감이 높아진다.

2017년 4월 고베 개항 150주년 기념사업으로 재탄생한 메리켄파크. 공원은 리뉴얼 후 지역 주민과 관광객의 인기를 한 몸에 받는 랜드마크로 떠올랐다. 물론 메리켄파크점도 인기에 한몫을 톡톡히 했다. 고베출신 점장 다카다 세이코 씨도 매장이 들어서고 공원을 찾는 사람이 늘었다고 귀띔한다. 최근에는 커플이나 가족 단위 손님과 강아지 산책길에 들르는 단골 등 많은 사람들로 하루 종일 북적거리며 예전에 조용했던 모습은 찾아볼 수 없다.

매장 인테리어는 이 장소와 인연이 깊은 '선박'을 주제로 디자인했다. 뱃머리를 형상화한 2층 카운터 석에서는 화려한 여객선이 오가는 고베항을 한눈에 볼 수 있다. 아침 햇살이 비춰 반짝이는 바다를 보면서 마시는 커피 한잔의 여유로움이란 이루 말할 수 없다. 매장의 주역인 타원형 바카운터에서도 장관이라 음료를 만들면서 무심코 밖을 바라보면 너무도 아름답다고 다카다 씨는 전한다. 매장에서 통유리창을 통해 바라보는 풍경은 시간에 따라 시시각각 변하여 지루할 새가 없었다.

고베항 워터프런트에 새롭게 등장한 스타벅스호는 개방감과 함께 평안함을 준다. 그래서 바다를 사랑하는 고베사람들을 사로잡는다.

KOBE CITY

AREA MAP

고베항 워터프런트 근처에는 고베 해양박물관과 대형복합쇼핑몰 고베 하버랜드도 있다.

주문하면서 기분도 업!
매장 중앙의 커다란 바카운터.

1 고베 포트타워 전망대에서 바라본 매장. 지붕에도 큰 사이렌 로고가 그려져 있다! 매장 오른편에 설치된 '오르탄시아의 종(オルタンシアの鐘)'은 '제1회 고베 패션 페스티벌' 개최를 기념하여 만들어졌다. 2 호화로운 여객선이 정박하는 항구라는 지역 특성상 영미권에서 찾는 고객도 많다. "에스프레소는 더블샷으로 부탁해요". 3 항구를 바라보며 아침을 먹는 기분은 최고다. 4 메리켄파크가 리뉴얼하며 설치한 'BE KOBE'. 이미 사진촬영 명소로 각광받는다. 5 마름모꼴 디자인을 한 외벽은 사이렌의 비늘을 형상화했다. 6 바카운터에서 활기 넘치게 일하는 파트너들. 7 '지역과의 연계'라는 의미가 담긴 예술작품으로, 고베와 시애틀 거리 풍경을 표현했다. 8 전면 통유리창, 눈앞에는 고베항의 거대한 파노라마! 9 점장 다카다 씨. 이 매장은 '고베 토박이들이 자랑스러워하는 바다와 산이 보이는, 애향심을 상징하는 공간'이라고 말하며 환하게 웃는다. 10 한가운데에 자리한 바카운터도 배를 형상화한 원형 모양으로 만들었고 뱃머리 쪽으로 손님석으로 배치했다. 인테리어 포인트로 주문대 아래 판넬은 롯코산(六甲山) 간벌재를 붙였다.

1 모든 자리에서 기체를 볼 수 있도록 높낮이를 맞춘 손님석. 2 여행을 떠오르게 하는 디자인은 이런 곳에도 숨어 있다. 슈트케이스 모양을 한 상품진열대는 주문 제작한 것이다. 3 이 매장에서는 나이트로 콜드 브루도 제공한다. 콜드 브루에 질소가스를 주입한 것으로, 벨벳 같은 부드러운 맛을 즐겨보길 바란다. 4 비행기에서 영감을 얻어 곡선 처리한 상부 디자인은 공항이라는 공간에 잘 어울린다.

TOKONAME
CITY

AREA MAP
주부지방 하늘의 현관문이라 할 수 있는 주부국제공항은 '야키모노 산포미치(やきもの散歩道, 도자기마을 산책길)'와 오름가마(登窯)로 유명한 도코나메시에 있다.

카운터에서 커피를 주문하고 매장 밖으로 시선을 돌리면 박력 넘치는 기체가 날아든다. 주부국제공항 센트레아에 들어선 복합쇼핑몰 '플라이트 오브 드림즈'에서만 볼 수 있는 진풍경이다. 4층 높이의 천장이 뚫린 개방형 공간, 그곳 1층 '플라이트 파크'에 전시한 보잉 787 드림라이너 1호기(ZA001호기)를 매장 전 좌석에서 바라볼 수 있다.

이곳은 공항 인접 시설인 만큼 비행기 출발을 기다리는 사람, '플라이트 파크'에 온 사람 등 하늘여행이라는 연결고리로 다양한 사람들이 이어지는 공간이다. 기체 중앙부를 스크린 삼아 환상적인 디지털아트가 상영될 때면 매장은 특별한 열기로 가득 찬다.

'보잉 787기'를 보면서 지금까지 느껴보지 못한 흥분과 함께 커피타임.

파트너는 매장 플로어와 의자 높낮이를 조절하여 모든 좌석에서 비행기를 볼 수 있도록 심혈을 기울여 만들었다고 자랑스러워했다. 특히 이 시간에는 기체와 위아래를 한눈에 내려다볼 수 있는 통로 측 자리가 꽉 찬다고도 말했다.

바 카운터 천장은 비행기 꼬리날개의 곡선에서 착안한 것으로, 기체를 연상시키는 알루미늄 소재로 만드는 등 매장 인테리어에도 비행기를 형상화한 요소들을 찾아볼 수 있었다. 통로 측 벽면에는 커피 생산지인 아프리카와 아시아 태평양에서 자라는 동식물을 모티브로 표현한, 종이를 오려 구성한 3D 기리에(切絵: 종이를 오려 새로운 형태로 만든 그림, 콜라주 기법과 비슷함 - 역자 주)로 장식했다. 여행이라는 특별한 맛을 다양한 각도에서 즐기고 싶다면 이 매장을 추천한다.

09

아이치

주부국제공항 센트레아 FLIGHT OF DREAMS점 (中部国際空港セントレア FLIGHT OF DREAMS店)

**CHUBU KOKUSAI KUKO CENTRAIR
FLIGHT OF DREAMS STORE**

아이치현 도코나메시 센트레아 1-1 FLIGHT OF DREAMS(愛知県 常滑市 セントレア1-1 FLIGHT OF DREAMS) ☎0569-38-8230 영업시간 10:00~21:00 비정기 휴무 좌석수 85석 오시는 길 주부국제공항 센트레아 내

쇼핑몰 중앙에 보잉 787기 드림라이너 1호기(ZA001호기)가 자리한다. 부품의 35%가 일본 주부지방에서 생산한 제품으로 만들어져 지역과의 연계라는 의미에서 보잉사가 공항에 기증했다.

photo_Satoshi Nagare

10

도야마

도야마 간스이코엔점
(富山環水公園店)

TOYAMA KANSUI KOEN STORE

도야마현 도야마시 미나토이리후네초 5 도야마후칸
운가칸스이코엔((富山県 富山市 湊入船町5 富山
富岩 運河環水公園) ☎ 076-439-2630 **영업시간**
8:00~22:30 비정기 휴무 **좌석수** 74석 **오시는 길**
JR도야마 역에서 도보 16분

**푸르른 자연과 조화를 이룬
운하 옆에 지은 건물 한 채**

건물은 잔디밭에 둘러싸였고 나무들을 업
은 듯 서 있었다. 전면에는 통창을 설치하여
안과 밖에 연속성을 주어 자연경관과 조화
를 이루었다.

전 세계에서 가장 아름다운 스타벅스 매장이 도야마에 있다. '실제로 매장을 방문한 지역 분들이 하신 말씀입니다'라고 전하는 이는 다름 아닌 도야마 간스이코엔점 개발을 담당한 아와 가즈히로 씨이다.

"도야마에 매장 오픈 준비를 하던 12년 전에 마침 멋진 공원이 있다는 얘기를 듣고 이곳을 처음 찾았죠."

이곳은 수문을 잇는 운하와 양쪽에 잔디밭이 펼쳐진, 전망대를 갖춘 아름다운 공원이었다. 바람에 흔들리는 수면은 빛을 발하면서 아침, 점심, 저녁 각각 다른 표정을 지었다. 밤이면 일루미네이션 등이 켜지는 텐몬교(天門橋)가 이 공원의 대표적인 볼거리이다.

"이런 탁 트이고 아름다운 자연 속에서 커피를 마실 수 있는, 지금까지 없던 '제3의 장소'를 만들고 싶었습니다. 공원에 매장 건물이 들어서는 첫 시도였지만 직감적으로 잘 될 거란 확신이 들었죠.

그리고 여러 달 공원을 관찰하며 운하, 다리, 벚꽃나무와 불꽃놀이, 설경 등등 사계절 내내 선보이는 매력을 모두 즐길 수 있는 이 자리에 매장을 만들기로 결정했습니다."

공원 풍광을 최대한 많이 즐기도록 삼면을 통유리창으로 만든 단층 건물. 어느 자리에서든 창밖으로 웅대한 운하를 감상할 수 있어 그 아름다운 풍경을 멍하니 바라보는 것만으로도 벅찬 감정에 휩싸인다. 통유리에 둘러싸인 넓은 테라스석으로 자리를 옮기면 건너편으로 공원이 보인다. 동네사람들이 산책을 하거나 소풍을 즐기며 각자 시간을 보내는 모습을 보고 있자면 마음이 편안해진다.

"찾는 사람이 뜸한 겨울철에도 매장이 생기고 나서는 손님들이 설경을 보러 일부러 옵니다".

이 매장을 보기 위해 일 년 내내 사람들이 모여들고 휴식을 취하고 간다. 이런 풍경은 지금도 계속 이어지고 있다.

지역 주민에게 사랑받으며 발길이 끊이지 않는 새로운 '제3의 장소' 제안

1 정기적으로 커피세미나를 연다. 이날은 다른 도시에서 온 참가자도 있었다. 이 매장에는 커피에 정통한 검정색 앞치마를 두른 파트너도 많다. 2 봄, 여름, 가을에는 테라스석이 인기. 수면을 헤엄치며 날아오르는 물새의 날갯짓 소리까지 들리는 조용하고 한적한 시간을 만끽할 수 있다. 3 운하 바로 옆 테라스와 창가 자리부터 손님들이 들어찬다.

THEN and NOW

눈으로 뒤덮인 광활한 공원에 변화무쌍한 사계절을 음미할 수 있는 공간을.

아래 사진을 봐도 알 수 있듯이 매장이 들어서기 전 이곳은 눈에 뒤덮여 아무것도 없는 조용한 공원이었다. 스타벅스가 문을 열며 공원을 찾는 사람도 늘었고 차례로 프렌치 레스토랑과 도야마 미술관도 생겼다고 한다. 시민의 휴식공간으로 공원은 진화하고 지역 주민들에게 점점 사랑받는 존재로 거듭난다. 2015년에는 지역 주민들의 사랑에 힘입어 도야마현이 주관하는 '도야마현 관광만들기 포럼'에서 경관상을 수상했다. 그리고 이 기념할만한 첫 번째 공원매장 탄생은 뒤이어 후쿠오카 오호리코엔(大濠公園)점, 우에노 온시코엔(恩賜公園)점과 같이 공원 안에 스타벅스 매장을 내는 계기를 마련했다.

위 · 스타벅스가 들어서기 전 공원의 겨울 풍경은 사방이 새하얀 색이었다. **아래** · 2008년 매장 완공 후 공원의 모습과 함께 이용객 수도 격변했다.

TOYAMA
CITY

AREA MAP

역 남쪽에는 도야마성과 도야마시 향토박물관, 구마 겐고(隈研吾) 씨가 설계한 복합 시설물인 'TOYAMA키라리'도 있다.

푸르른 녹음에 둘러싸여
삼림욕하는 기분으로 보내는 값진 시간

시즈오카

하마마쓰조코엔점
(浜松城公園店)

 **HAMAMATSUJI
KOEN STORE**

시즈오카현 하마마쓰시 주쿠 모토시로초 100-2(静岡県 浜松市 中区 元城町100-2) ☎ 053-450-6060 **영업시간** 8:00~21:00 비정기 휴무 **좌석수** 78석 **오시는 길** 엔슈철도 엔슈병원역(遠州鉄道 遠州病院駅)에서 도보 17분. 공원 내 공용주차장이 있다.

"테라스석에서 나무를 보며 커피를 마시다 다람쥐가 위아래로 오르내리는 모습을 자주 보곤 합니다. 나무를 훼손하지 않고 그대로 남겨 둔 덕이겠죠. 그래서 추운 겨울에도 테라스석을 선점하게 됩니다. 지루한 줄 모르고 멍하니 바라봐요."

단골손님의 말처럼 이 매장은 마치 숲속처럼 주변이 수풀로 무성한 공원 한구석에 위치한다.

하마마쓰성 공원은 16세기 반경 도쿠가와 이에야스가 짓고 1958년 천수각을 재건한 하마마쓰성 주변에 조성했다. 벚꽃나무가 360그루나 심어진 꽃구경 명소이며 대만 다람쥐, 물총새, 흰뺨검둥오리, 백로 등 많은 야생동물이 산다. 매장을 설계할 당시 벌목을 최소화하기 위해 나무기둥에 목갑판을 둘러 공원과 일체화된 데크테라스를 만들

**수풀과 작은 강이 보이는 테라스석.
탄식이 절로 나오는 안락한 공간**

2

3

4

5

1 푸르른 자연에 둘러싸인 곳에 신선한 바람이 불어온다. 야외 벤치에는 애견용 목줄걸이도 설치했다. 2 매장 뒤쪽 테라
스석. 일인용 소파 4개와 나무기둥을 감싸 만든 데크벤치만 있어 공간을 여유롭게 즐길 수 있다. 3 바카운터 뒷벽에는 커
피찌꺼기를 재활용한 친환경 건축자재를 사용했다. 환경을 생각하는 마음도 잊지 않았다. 4 줄무늬가 들어간 엔슈(遠
州)직물을 벤치 등받이로 재활용했다. 따스함이 느껴지는 어스 컬러(earth color) 쿠션 커버는 커피농원을 연상시킨다.
5 바카운터로 이어지는 테이블석 위에는 베어낸 나무로 만든 조형물이 놓여 있다. 커피에서 나는 아로마 향을 형상화해
특별 제작한 작품이다.

HAMAMATSU
CITY

AREA MAP

'출세성(出世城)'이라 불리는 하마마쓰
성에서 시내를 한눈에 볼 수 있다. 하마
마쓰 교자와 장어 같은 지역을 대표하는
먹거리도 맛보길 바란다.

었다. 매장을 만들며 어쩔 수 없이 자른 나무는 매장 정문 손잡이로 쓰기도 하며 매장
을 꾸미는 나무조형물로 새로 태어났다.

그리고 이 매장의 또 다른 볼거리는 하마마쓰성을 바라보는 뷰포인트이다. 공
원 바로 옆에 있는 옥외 벤치석에서 하마마쓰성 천수각이 훤히 보인다. 그 모습은 약
5M 높이로 압도적인 개방감을 자랑한다. 시즈오카현 덴류삼나무(天竜杉)를 사용해
나무의 온기가 그대로 전해져서 좋다. 그리고 안과 밖이 이어진 듯한 통유리창 덕분
에 눈앞 가득 나무와 연못이 펼쳐진다. 매장에 앉아 느긋하게 앉아있기만 해도 자연
에 둘러싸인 것 같은 평온함을 느낄 수 있다. 숲속에서 마시는 커피 한 잔은 지친 마
음을 치유한다.

12

후쿠오카

다자이후 덴만구 오모테산도점 (太宰府天満宮表参道店)

DAZAIFU TENMANGU OMOTESANDO STORE

후쿠오카현 다자이후시 사이후 3-2-43(福岡県 太宰府市 宰府 3-2-43) ☎ 092-919-5690 영업시간 8:00~20:00 비정기 휴무 좌석수 44석 오시는 길 니시테츠 다자이후신 다자이후역(西鉄 大宰府線・大宰府駅)에서 도보 4분

건축가 구마 겐고(隈研吾) 씨가 만들어낸
삼나무 2,000그루의 압도적인 비주얼

photo_Masahiro Tamura text_Yoko Fujimori

후쿠오카에 가면 멀더라도
꼭 발걸음하게 되는
다자이후의 상징적인 존재.

DAZAIFU
CITY

AREA MAP
맛의 고장 하카다(博多)에서 택시로 약 40
분. 다자이후 참배길에는 명물 우메가에모
치(梅ヶ枝餅) 가게가 늘어서 있다.

학문의 신을 모시는 '다자이후 덴만구(太宰府天満宮)' 참배길에 갑자기 나타나는 복잡한 구조의 목조물이 있다. 이 매장은 일본에서 처음으로 저명한 건축가가 만든 곳이다. 건축가는 도쿄 올림픽 '신국립경기장(新国立競技場)' 건설을 맡으며 주목받은 구마 겐고 씨다.

'자연소재를 이용한 과거와 현재의 융합'이라는 콘셉트로 만들었다. 정면 폭 6.5m, 안길이 33m. 입구는 좁고 안길이는 깊은 공간에 폭 6cm짜리 규슈 지역 삼나무가 대각선으로 아름답게 엮어져 올라간다. 사용한 나무만 해도 무려 2,000그루. 전통 목조건축 방식인 쪽매붙임 방식으로 만든 막대기 모양을 한 가늘고 긴 삼나무 '구미키(組み木)'가 눈에 들어온다. 나무토막을 짜 맞춰서 만든 구미키가 입구부터 시작해 안쪽으로 이끄는 구조는 동굴을 둘러보는 것 같은 긴장감을 준다.

천창(天窓)과 안뜰이 보이는 유리창으로 벽을 통해 자연광이 많이 들어와서 조명은 최소한으로 사용한다. 이 어슴푸레 비치는 자연광 덕에 깊은 숲속에 와있는 신비로운 분위기에 휩싸인다.

눈길을 사로잡는 비주얼로 2010년 개점 이래 출사족들이 많이 찾아서 매장 앞에 긴 줄이 늘어서는 일도 잦다. 2015년부터 점장으로 근무하는 후쿠오카 출신 잇세 나오에 씨는 다양한 나라에서 찾는 손님들로 하루 종일 외국어로 응대하는 날도 많다고 전한다. 손님들에게 다자이후 명물인 우메가에모치와 커피가 잘 어울린다고 살짝 귀띔하기도 한다며 방긋 웃는다. 그러고는 매장 주위를 바지런히 청소하며 돌아다니는 모습에서 그 지역을 생각하는 마음을 읽을 수 있다.

"참배길 경관을 해치지 않도록 교토 니네이자카 야사카차야점에서 보내준 대나무쓰레기바구니를 애용하고 있어요."

건축가와의 협업으로 만들고, 지역에서 생산되는 소재를 이용한 지속 가능한 매장이며 동시에 관광객에게 사랑받는 곳이다. 무엇보다 구미키 사이로 새어 드는 눈부신 햇살을 맞으며 음미하는 커피는 가히 최고라 할 수 있다.

천장에 매달려 바카운터로 쭉 뻗어 내려오는 삼나무 막대 3개는 LED 조명이다. 이 조명이 아련한 빛을 내는 저녁시간도 예술이다.

구미키가 액자가 되어
안뜰은 한 폭의 그림 같다.

1 다자이후 덴만구를 상징하는 매실나무 3그루가 심어진 안뜰. 꽃구경하기 좋은 계절은 초봄이다. 2 매장에는 다자이후 덴만구신사의 상징목인 매화나무 '도비우메(飛梅)'를 모티브로 한 예술품이 걸려 있다. 3 점장 잇세 씨가 매장 오픈 5주년을 기념하여 특별 제작한 셔츠를 입고 있다. 고객에게 전하는 감사의 마음과 함께 매화꽃을 수놓았다. 4 연일 많은 참배객으로 북적대는 참배길. 신사 입구에 세운 기둥문(鳥居)도 매장 바로 앞에 있다. 5 6cm 폭 삼나무가 엮어내는 외관은 주위를 압도한다. 삼나무 사용량은 길이로 따지면 약 4km에 달한다고 한다. 6 구미키에 맞춰 지그재그 또는 Z자 형태로 디자인한 소파 좌석. 쭉 뻗은 직선 공간에 독특한 리듬감을 주었다.

1

HAKODATE
하코다테 베이사이드점
(홋카이도)

**창고의 장점을 살린
2층 소파석**

층고가 높은 이점을 살린 2층 소
파 좌석은 과거 창고시절 분위기
를 자아낸다. 거실 바닥재 또한
옛날 그대로이다. 겨울에는 계단
쪽 창문으로 설경도 볼 수 있어
특별한 풍경을 자랑한다.

2

KAWAGOE
가와고에 가네쓰키도리점
(사이타마)

**작은 에도 가와고에의
풍경과 정취에 맞는
아름다운 널문그림(板戸絵)**

커피 열매를 그린 널문그림은 다
이쇼시대 나무틀에 사이타마현
삼나무 판자를 끼워 넣었다. 칠보
별무늬와 같은 길운이 깃든다는
문양을 커피체리에 그려 넣어 그
문양을 찾는 재미도 쏠쏠하다.

TRAVEL COLUMN 2

STARBUCKS Interior & Craft
멋진 인테리어 리포트

편집부가 스타벅스를 찾아 떠난 여행길에서 만난 멋진 공간과 아트워크를 집중 조명한다.
알면 알수록 더욱 가고 싶어지는 인테리어에 얽힌 에피소드도 가득하다.

3

GINZA
긴자 쓰타야(蔦屋)서점
(도쿄)

**커피콩을 표현한
텍스타일(textile) 아트**

아프리카, 남미, 아시아, 3대 원두
생산지를 자수로 표현한 텍스타
일 아티스트 고바야시 마리코(小
林万里子) 씨의 작품이다. 놀라
운 생명력이 느껴져 감탄을 금치
못한다.

4

HAMAMATSU
하마마쓰조코엔점
(시즈오카)

**훤한 통유리창 덕에 숲속에
녹아든다**

천장은 시즈오카현 덴류삼나무를
사용하였다. 높이 약 5m 벽면은
삼방 통유리창을 설치해 눈부신
녹음이 바로 눈앞에 펼쳐진다. 매
장에 앉아 있노라면 숲과 물아일
체가 된 기분에 사로잡힌다.

5

GINZA
교토 니네이자카 야사카차야점
(교토)

**도코노마에 걸린 족자를 보
면서 커피를 즐긴다**

도코노마에는 아티스트 이노우에
준(井上純) 씨가 제작한 커피와
청수(清水)를 상징하는 족자 3부
작이 걸려 있다. 사진은 핸드드립
으로 내린 커피 방울을 표현했다.
전통찻집을 연상케 하는 멋진 연
출이다.

6

OSAKA
오사카조코엔 모리노미야점
(오사카)

**구석구석 정성 들여 그린 커
피 그림 그리고 커피 세계**

장애인 아티스트가 만든 작품을
매장에 전시했다. 커피를 즐기는
여성을 그린 우에노 야스유키(植
野康幸)씨의 작품(오른쪽) 등 폭
발하는 표현력에 마음을 빼앗긴
다.

12

KAGOSHIMA

가고시마 센간엔점
(가고시마)

Finish!

**사쓰마 기리코가 모티브인
그릿형 조명 갓**

2층에 설치한 황동색 조명은 사쓰마 기리코 문양을 형상화한 오리지널 작품이다. 20면체 황동색 조형물에는 커피 벨트를 그려 넣었다. 조형물이 빛에 반사되어 반짝거릴 때면 엄청난 기운이 느껴진다.

11

DAZAIFU

다자이후 덴만구 오모테산도점
(후쿠오카)

**매장을 아늑하게 비추는
삼나무로 만든 LED 조명**

2,000그루나 되는 구미키 가운데 바카운터 위에 달린 나무막대기 3개. 천장에서 아래로 일직선으로 뻗은 물체는 다름 아닌 LED 조명이다. 빛의 각도는 구미키에 잘 어울리게 연출했다.

10

MATSUYAMA

도고온센에키샤점
(에히메)

**기차역사 시절 여행의 추억을
곳곳에 아로새긴다**

침목과 이요테츠 선로에 사용한 나무로 만든 테이블, 과거 기차역 플랫폼에서 사용한 조명을 모델로 한 조명 갓 등 여행을 가고픈 마음을 자극한다.

9

TOTTORI

샤미네 돗토리점
(돗토리)

**지역 특산품인 전통종이
인슈와시(因州和紙)에
장인이 그린 세계지도**

돗토리 특산품인 인슈와시를 사용해 장인이 전통방식으로 제작한 지도예술품이다. 예사롭지 않은 기품이 느껴지는 문자는 종이를 잘라 붙인 것으로, 파트너들도 함께 참여하였다.

7

KOBE

고베 메리켄파크점
(효고)

**고베항을 한눈에 볼 수 있는
테라스 소파**

조망권이 좋은 좌석이 유독 많은 이 매장에서도 단연 최고는 야외 소파 자리이다. 상쾌한 바닷바람을 맞으며 마시는 모닝커피는 소확행이다!

8

KOBE

고베 키타노이진칸점
(효고)

**각 방마다 색다른 인테리어
를 만끽할 수 있다**

페르시아융단이 깔린 이 방은 게스트룸이다. 외국서적이 꽂혀 있는 서재 느낌에 앤티크한 책꽂이도 있어 절로 독서를 부른다.

text_Yoko Fujimori

Connecting People
and Passions

매일 다양한 사람이 모이는
새로운 커뮤니티 라운지

13

오사카

오사카조코엔 모리노미야점
(大阪城公園森ノ宮店)

 **OSAKAJO KOEN
MORINOMIYA STORE**

오사카부 오사카시 주오구 오사카조 3-9(大阪府 大阪市中央区 大阪城
3-9) ☎ 078-335-0557 영업시간 8:00~22:00 비정기 휴무 좌석수
105석. 오시는 길 오사카 메트로 주오센(中央線, 중앙선) 1번 출구에서 도
보 4분

PART 3

체온이 느껴지는
공간을 꿈꾸며

계속 찾고 싶은 이유는 그 지역과 이웃을 소중히 여기는 마음에서 태어난 매장이기 때문이다. 사람이 모이는 곳에는 분명 이유가 있다.

'아침 미팅 장소로 최고'라며 초록이 가득한 테라스석에서 커피를 마시며 업무 시작 전에 즐겁게 담소를 나누는 6명. 모리노미야(森ノ宮)역 바로 앞이라는 입지 또한 좋다.

photo_Masahiro Tamura text_Yoko Fujimori

오사카성 돌담이 모티브.
나뭇잎 사이로 새어 드는 햇살이
눈부신 '제3의 장소'.

이른바 햇살과 초록으로 물든 곳. 오사카조코엔 모리노미야에 문을 열어 수풀이 우거진 '시민의 숲(市民の森)' 옆이라는 최적의 공간, 바로 이 매장이 그런 곳이다. 전면 통창으로 눈앞에 숲이 펼쳐지고 매장은 포근한 햇살이 가득 찬다. 왠지 모르게 좋은 기운이 넘실대는 공간이다.

인테리어는 단정한 아름다움을 자랑하는 오사카성 돌담이 모티브이다. 테이블 다리가 커다란 돌기둥인 카운터, 동그란 돌 모양을 한 테라스석 의자와 테이블처럼 위트가 넘치는 소품 디자인이 손님들에게 또 다른 즐거움을 선사한다.

파트너 대부분이 마음에 드는 곳으로 숲 바로 옆에 있는 테라스석을 꼽았다. 천장 루버(louver)로 쏟아지는 빛은 나뭇잎 사이로 새어 드는 눈부신 햇살 같다. 이런 자연광 아래서 에스프레소와 도넛을 먹으면 기분이 날아갈 것 같다.

이런 탁 트인 개방감에 이끌려 다양한 사람들이 이곳을 찾는다. 그들이 각자의 방식으로 시간을 보내는 모습을 보면 또 기분이 좋아진다. 일주일에 여러 번 업무 시작 전 테라스석에 모여 앉아 근황을 묻는다는 친구들. 산책 갔다 돌아오는 길에 들른다는 엄마와 꼬마 손님. 오늘의 목표량을 채운 조깅족. 물론 여기엔 강아지도 함께한다. 이 모습이야말로 스타벅스가 바라던 '제3의 장소(third place)'가 아닐까.

매장에 걸린 장애인 아티스트의 작품에도 모든 사람이 차별 없이 공존하자는 마음이 담겨 있다. 색다른 감성이 살아 있는 작품도 꼭 감상하길 바란다. 햇살을 품은 이 매장에 오면 모든 손님이 기분 좋게 지낼 수 있는 장소를 꿈꾸는 스타벅스의 변함없는 메시지가 느껴진다.

OSAKA
CITY

AREA MAP

오사카 중심지에 자리하며 관서지
방 대표 벚꽃 명소이다. 근처에는
오사카성 홀과 야구장도 있다.

1 반려견도 환영하는 테라스석은 목줄 걸이를 설치했다. 편히 쉬는 주인을 올려다보는 웰시코기 '하치 군'도 미소를 짓는다. 2 매장 한가운데에 있는 바카운터에서 파트너는 단골손님과 대화를 나누며 신이 났다. 2018년 5월 오픈한 이곳은 오사카성 공원 안에 문을 연 두 번째 매장이다. 3 개방감이 물씬 느껴지는 통유리창이 있는 공간. 비스듬히 누운 지붕이 '밝지만 눈부시지 않게'라는 절묘한 채광효과를 만들어낸다. 4 '모든 사람이 하나 되는 편견 없는 세상'을 지향하는 사단법인 'Get in touch'가 큐레이션 했다. 오사카 복지시설인 '아틀리에 코너스(Atelier CORNERS)'에서 활동하는 신체부자유인 아티스트 작품이 전시 중이다. 커피를 테마로 한 세계가 생생하게 그려져 있다. 5 도넛 & 에스프레소로 멋진 아침식사를. 6 자세히 보면 카운터 테이블 다리가 돌이다! 이것도 오사카성을 향한 오마주다. 7 저 멀리 솟아 있는 오사카성. 매장에서 천수각까지 도보로 20분 정도. 8 산책하고 돌아오는 길에 엄마랑 일주일에 한두 번은 들른다는 꼬마 단골손님. 좋아하는 음료는 차가운 우유라고 한다. 9 조깅족이나 자전거 통근족들이 매장 앞 산책로를 오간다. 그 뒤로는 고목이 무성한 '시민의 숲'이 펼쳐진다.

근무 중인 야마구치 도모코 씨와 점장인 이토 신야 씨. 수화와 아이콘택트로 자연스럽게 대화를 나눈다. 야마구치 씨는 스타벅스에서 일하면서 존재가치를 재발견했다고 한다. 반짝거리는 비즈를 붙여 손수 만든 보청기도 멋스럽다.

고택 주인의 마음을 이어받은, 시민에게 사랑받는 랜드마크

14

가나가와

가마쿠라 오나리마치점 (鎌倉御成町店)

 KAMEKURA ONARIMACHI STORE

가나가와현 가마쿠라시 오나리마치 15-11(神奈川県 鎌倉市 御成町15-11) ☎ 0467-61-2161 **영업시간** 8:00~21:00 비정기 휴무 **좌석수** 89석 **오시는 길** JR요코스카선 에노시마철도 가마쿠라역 (JR横須賀線・江ノ島鉄道鎌倉駅) 서쪽 출구에서 도보 4분

KAMAKURA CITY

AREA MAP

오나리마치는 고급 저택 밀집 지역으로 유명하며, 역 서쪽 출구 앞인 오나리마치도리는 인기 있는 산책 명소이다.

가마쿠라시청 바로 앞이라는 좋은 입지에 문을 연 매장은 가마쿠라 시민들에게 특별한 존재이다. '후쿠짱(フクちゃん)'으로 유명한 만화가 요코야마 류이치(横山隆一) 씨의 고택이었기 때문이다. 예술가가 살던 고택이 2005년 10월 가마쿠라 오나리마치점으로 새로 태어났다. 요코야마 씨가 아끼던 자택이 스타벅스 매장이 된다는 소식에 오픈 당시부터 화제를 모았다.

저택에 원래 있던 수영장과 벚꽃나무, 등나무 덩굴이 어우러져 아름다움을 뽐내는 테라스석은 이미 가마쿠라 명소로 떠올랐다. 새롭게 리모델링한 매장 내부도 겐지산(源氏山)을 형상화하여 지붕을 삼각형으로 만들거나 옻칠한 가마쿠라보리(鎌倉彫)를 돋보이도록 연출하는 등 가마쿠라 지역색을 아로새겼다. 매장에 놓인 테이블과 소파, 갈색 벽면 타일에서 쉽게 찾아볼 수 있는 육각형 모티브는 거북딱지모양을 차용한 일본 전통문양이다. 이뿐만 아니라 후쿠짱의

트레이드마크인 교복 모자 문양도 있다.

그리고 이 매장은 청각장애가 있는 파트너가 근무하는 곳이기도 하다. '챌린지 파트너 서포트 프로그램'에 지원한 야마구치 씨는 잘 들리지 않는 자신이 고객을 대하는 서비스업에서 일하는 것이 아직도 꿈만 같다며 처음에는 힘들었다고 토로했다. 손님 응대가 익숙지 않아 입사 첫해에는 힘들었지만 동료들의 도움이 있어 극복할 수 있었다고 한다. 같이 일하는 파트너들이 자발적으로 수화를 배우면서 지금은 함께 바카운터에서 끈끈한 팀워크를 발휘한다.

야마구치 씨는 "제가 매장에 서 있는 모습을 보며 같은 장애를 가진 사람들이 힘을 얻으면 좋겠어요. 이젠 제게 일할 수 있는 기회를 준 분들과 가마쿠라에 은혜를 갚을 일만 남았어요."라며 환하게 웃었다.

단골손님과 수화로 대화하는 모습도 이 매장에서만 볼 수 있는 풍경이다. 과거 예술가들이 모여 이야기꽃을 피우던 살롱이던 저택은 지금 가마쿠라 사람들을 한데 이어주는 따스한 만남의 장이 되었다.

가마쿠라 출신 작가의 생가가 동네에 녹아들어 휴식 공간으로 탈바꿈했다.

1 2016년 리뉴얼하며 매장 구석에는 스타벅스 리저브 바를 마련했다. 이곳만을 찾는 단골손님도 많다. 2 입구 옆에는 '후쿠짱' 원화를 전시한 공간도 있다. 매장에는 후쿠짱이 애용한 교복 모자를 모티브로 만든 육각형 문양이 인테리어에 사용되어 그걸 찾아보는 재미도 숨어 있다. 3 다른 매장에서는 거의 찾아볼 수 없는 시부스트 같은 생크림케이크는 하야마(葉山) 전통과자점 '히카게차야(日影茶屋)'에서 공수한다. 4 등나무 덩굴에 연보라색 꽃이 만개하는 초여름 즈음 테라스는 인기 만점이다. 4월 말부터 5월 초까지 골든위크 전후가 절정이다. 5 겐지산 실루엣에 삼각형 지붕이 멋스럽게 어우러진다.

photo_Nobuki Kawaharazaki text_ Yoko Fujimori

위/ 점장 후지무라 미카 씨는 돗토리에서 나고 자란 토박이. 다른 도시를 놀러갈 때 스타벅스를 찾곤 했다. **아래/** 하트를 띄운 라테아트를 좋아하시는 할아버지 단골손님은 이나바의 하얀 토끼(일본 3대 문헌이며 역사서 <고지키(古事記)>에 나오는 전설 속 토끼-역자 주)가 그려진 등받이 자리가 지정석이다.

지역에 스며든 돗토리 제1호점
사랑 넘치는 분위기에 힐링하러 가는 곳

Elevation: 1575 Meters
Family: Rubiaceae
Genus: Coffea
Species: arabica
Cultivar: Geisha

돗토리 지역에서 생산되는 가구와 소재로 둘러싸인 애향심 가득한 공간

1 소파와 천장에 매달린 독특한 조명은 돗토리를 상징하는 물방울 모양이다. 에도시대에 정비된 연결도로 중 하나인 '이나바가이도(因幡街道)' 거리 풍경에서 힌트를 얻어 주조장을 표시하는 삼나무 간판 스기다마(杉玉)도 걸려 있다. 벽면 아트워크는 전통종이 이나바와시를 이용한 작품이다. **2** 출근 전 들르는 손님도 많아 드라이브 스루도 분주하다. **3** 돗토리역 바로 앞이라는 최적의 입지에 드라이브 스루와 넓은 주차장까지 갖추었다.

15

돗토리

샤미네 돗토리점
(シャミネ鳥取店)

 SHAMINE TOTTORI STORE

돗토리현 돗토리시 히가시혼지초 112-13(鳥取県鳥取市 東品治町 112-13) ☎ 0857-20-6001 **영업시간** 7:00~23:00 비정기 휴무 **좌석수** 71석 **오시는 길** JR돗토리 역 남쪽 출구에서 도보 5분. 드라이브 스루/ 주차장 완비

AREA MAP

돗토리 해변 근처에는 신화에 나오는 '이나바의 하얀 토끼(因幡の白兎)'로 유명한 하얀 토끼신을 모신 하쿠토신사(白兎神社)와 돗토리 사구가 있다.

2015년 5월 문을 연 돗토리 스타벅스는 일본 행정구역인 도도부현 중에서 제일 마지막으로 출점한 지역이다. 기다리고 기다리던 출점이라 돗토리뿐만 아니라 다른 지역에서도 찾아와 오픈 당일에는 아침 7시 영업시간 전부터 천 명이 넘게 줄을 섰다고 한다. 이런 에피소드를 들려준 사람은 샤미네 돗토리점 그랜드오픈을 함께 준비한 후지무라 미카 씨이다. 돗토리 출점을 앞두고 파트너를 모집할 때 입사한 그녀는 돗토리 현 내에서 매장 3곳을 연달아 오픈하는 일에 참여하다 작년 가을 점장으로 돌아왔다.

"스타벅스에 돗토리에 생긴다는 말을 들었을 때 너무 좋아서 스타벅스에서 꼭 일하고 싶었어요. 새로운 분야에 도전하고 싶은 마음에 전직했습니다. 돗토리는 커피 소비량이 많은 지역인데 스타벅스가 생기고 나서 커피를 마시러 외출하는 문화가 퍼진 것 같아요. 저희 매장은 매일 아침 방문하는 고객이 많아서 '좋은 아침입니다'나 '다녀오세요'라고 자주 인사해요."

인사말처럼 문을 열자마자 들어온 단골 손님과 파트너는 이야기를 나눈다. 그리고 손님들은 자연스레 좋아하는 자리에 앉아 느긋하게 시간을 보낸다.

이런 지역에 녹아들기 위한 노력은 매장 곳곳에서도 찾아볼 수 있다. 매장 한가운데 있는 테이블과 카운터 상부 널빤지 판, 외벽과 천장 일부는 돗토리 지역 노송나무와 삼나무를 사용했다. 소파와 의자 일부는 돗토리현에서 만들었다. 인슈와시로 만든 벽면 아트워크와 역사서 《고지키》에 등장하는 '이나바의 하얀 토끼'를 이미지화한 인테리어도 있어 매장을 찾는 손님들의 눈길을 끈다.

일본 각지의 풍부한 문화유산을 매장 인테리어에 담아

제1장에서 소개한 바 있는 각 지역의 매력을 선보이는 '리저널 랜드마크 스토어(Regional Landmark Store)'와 지역에 뿌리 내린 개성 넘치는 스타벅스 매장의 전체 디자인을 책임지는 다카시마 마유 씨에게 매장 콘셉트에 대한 생각을 물었다.

Interview with MAYU TAKASHIMA

점포개발본부 점포설계부 부장
다카시마 마유 씨 인터뷰

지역 사람들에게 믿음 주는 사랑받는 매장을 만들자

작년 12월에 오픈한 대형복합시설 무스부타마치(ムスブ田町) 2층에 입점한 매장에서. 뒤에 보이는 작품은 자폐증을 앓는 분들과 함께 목재공장에서 나온 자투리 나뭇조각을 활용하여 만들었다. 이 작품은 미나토구(港区) NPO단체 '니지이로노카제(虹色の風, 무지갯빛 바람)'와 협업으로 탄생했다.

리저널 랜드마크 스토어란?

일본 각 지역의 의미 있는 장소에 문을 여는 특화 매장이다. 역사와 문화를 담으면서 지역 사람들의 요구에 부응하는 새로운 커뮤니티로 전국으로 확대되고 있다. 이런 특화 매장이 좋은 반향을 얻어 2018년도 굿디자인상 '굿디자인 베스트 100'에 뽑히기도 했다.

— 리저널 랜드마크 스토어'는 어떻게 탄생했나요?

"지역성을 강조한 첫 매장은 2005년 오픈한 '가마쿠라 오나리점' 입니다. 요코야마 류이치 선생님 생가에서 유족들과 만나 이야기를 나누었어요. 이것이 결정적인 계기입니다. 오나리점 오픈 후 주민들도 많이 좋아해 주셔서 새로운 콘셉트 매장에 대한 가능성을 보았죠. 이것이 '리저널 랜드마크 스토어'의 시작이라 할 수 있습니다."

— 매장을 낼 때 지역 주민들과 어떤 교류를 하나요?

"매장을 낼 때 제일 먼저 그 지역을 지도로 공부하는 것이 철칙입니다. 관련된 책을 읽기도 하고 현지 파트너에게 궁금한 점을 묻거나 지역 장인이 운영하는 공방을 찾아가기도 하죠. 유형문화재로 등록되어 오랜 세월 정성들여 보존한 건물은 당시 만든 이의 생각과 노력이 담겨 있습니다. 그래서 그런 부분을 해치지 않으면서 그 안에 스타벅스다운 표현을 어떻게 담을지 고민합니다. '교토 니네이자카 야사카차야점'은 이웃 상점 주인들이 교토 문화와 예의범절을 친절하게 가르쳐 주셔서 큰 도움이 되었습니다. 지역 문화를 존중하고 이웃에게 믿음을 줄 때 비로소 꾸준히 사랑받는 매장이 될 수 있습니다."

— 새로 진행하는 프로젝트는 무엇입니까?

"올해 산림 보호 프로젝트를 계획하고 있습니다. 지역에서 자라는 나무를 이용하여 만든 가구를 각 매장에 설치하기로 했습니다. 이곳 '무스부타마치 2층점'에 있는 의자와 테이블은 가구업체 '와이즈와이즈(WISEWISE)' 제품이고, 아키타현(秋田県) 유자와시(湯沢市) 졸참나무로 만들었습니다. 매장에 전시하는 예술작품 또한 다방면으로 구상 중입니다. 지역 주민들과 함께 바다에 버려진 플라스틱 쓰레기를 수거해 작품 재료로 활용하기도 했죠. 3월에는 현대미술가 나와 고헤이(名和晃平) 씨 창작 플랫폼 'SANDWICH(샌드위치)'가 디렉팅한 작품도 관람할 수 있는 첫 번째 매장이 교토에 문을 엽니다. 스타벅스다운 인간미가 느껴지는 '제3의 장소'를 표현하기 위해 다양한 방법을 모색하며 계속 노력하겠습니다."

"스타벅스에 머물면
다양한 이야기가 떠오릅니다."

《죽는 보람을 생각하며 살고 있어(死にがいを求めて生きているの)》(주오코론샤, 中央公論社, 3월 28일 출간-역자 주)를 최근 발매한 아사이 료 씨. 실제로 스타벅스에서 이 소설을 쓰기도 했다고 한다.

"작가 8팀이 같은 세계관을 가지고 소설을 쓰는 대규모 프로젝트라 힘을 북돋아줘야 했어요. 그때 스타벅스를 찾았습니다. 회의하기 전에는 제가 좋아하는 프라푸치노를 마시며 에너지를 충전했어요."

업무회의는 물론 집 이외의 집필 공간이 필요할 때 애용하기도 하지만 스타벅스를 좋아하는 가장 큰 이유는 단 음료를 사랑하는 남자를 편견 없이 환영해주기 때문이란다. 아사이 씨는 단 것이 당길 때 스타벅스에 들르고 신메뉴는 꼭 마셔보는 프라푸치노 성애자라고 밝혔다.

이렇게 남녀노소 할 것 없이 모든 이들이 자유롭게 교차하는 스타벅스라는 존재는 소설 무대로 삼기에도 좋다. '예를 들어'라며 이야기를 풀어나간다.

"늘 가던 회식 2차를 빠지고 서둘러 역 쪽으로 발길을 옮기는 남자 선배. 나도 모르게 그 뒤를 밟는다. 그가 들어간 곳은 문 닫기 직전인 스타벅스. 오늘까지만 판매하는 프라푸치노를 한 손에 들고 나오는 선배와 눈이 마주치는데…. 평소에는 시크한 선배가 알고 보니 단 걸 엄청나게 좋아하고 새로운 프라푸치노는 꼭 먹어보는 사람이더라. 이런 발견에서 시작하는 단 걸 좋아하는 슈가홀릭들이 펼치는, 연애로는 발전하지 않는 공범들이 펼치는 우정이야기랄까, 여러 가지 소재가 떠올라요."

작가
아사이 료(朝井リョウ) 씨

PROFILE
1989년 기후(岐阜)현 출생. 2009년 《내 친구 기리시마 동아리 그만둔대》로 제22회 소설 스바루 신인상 수상으로 데뷔. 2013년 《누구》로 제148회 나오키상, 2014년 《세계지도의 밑그림》으로 제29회 쓰보다조지 문학상 수상. 최근작으로 《참으로 기묘한 너의 이야기(世にも奇妙な君物語)》(고단샤분코, 講談社文庫). 3월 주오코론샤에서 신작 발매. 5월에는 영화 <cheer 남자!!>가 개봉한다.

외부 집필 시 애용하는 얇고 가벼운 노트북은 늘 가방 한 자리를 차지한다. 자주 가는 유라쿠초(有楽町)점은 콘센트도 있고 책상이 커서 자료를 넓게 펼쳐놓을 수 있어 작업하기 편하다고 귀띔한다.

photo_Shinobu Shimomura   text_Masaki Takeda(mine0-sha)

Meet Our Partners!

재능 넘치는 파트너들 모두 모여라!

앞치마를 벗어던지고 본연의 모습을 드러내는 파트너들.
이럴 수가! 소방대원, 연예인, 피겨스케이팅 선수까지 있다니?!
다재다능, 개성 만점 파트너들만을 고르고 골라서 소개합니다.

만돌린으로 마음에 남는 음악을 선사한다

고우다 시호 씨

근무지 미에현 (三重県)
파트너 근무기간 6개월

스타벅스에서 일하는 현재도 오케스트라 단원으로 활동하는 고우다 씨. 만돌린이 어떤 악기냐고 묻는 사람들에게 멋진 만돌린 선율을 전하고 싶다며 만돌린 사랑을 과시한다. "작년에도 단원들과 합주대회에 나가서 은상을 탔어요! 멋진 곡이라는 말을 듣거나 누군가의 기억에 남는 연주를 할 때 무엇보다 행복해요." 실은 낯을 가리는 편이라는 그녀는, "그래도 스타벅스에 들어와서 많이 좋아졌어요. 요즘은 개성 넘치는 파트너와 좋아하는 손님들 사이에서 일하면서 나다움을 찾는 기쁨을 맛보고 있어요."

추천음료
유자 시트러스 & 티
(유스베리 변경)

추천음료
소이라테

Rakugo

Mandolin

아마추어 라쿠고 전문가 '하나시테이메부키' (華志亭芽吹)

요네타니 에미 씨

근무지 오사카 (大阪府)
파트너 근무기간 14년

그녀가 라쿠고를 시작한 것은 아버지가 건네준 라쿠고 카세트테이프를 듣고 그 매력에 푹 빠지면서부터이다. 일반인을 대상으로 한 TV 라쿠고 교실이 있다는 말을 듣고 배우기 시작했다고 한다. "제 전문 분야는 고전인데 그중에서도 긴메이치쿠(金明竹)를 연기할 때 관객들이 웃어주시면 얼마나 기분이 좋은지 모르겠어요. 예명은 하나시테이메부키(華志亭芽吹). 존경하는 라쿠고 선생님이 지어준 이름이라 더욱 소중합니다." 바리스타라는 직업을 동경해서 스타벅스에서 일하게 되었다는 그녀는, "나도 모르게 내 자신이 싫어질 때 여기로 돌아오면 힘이 나고 무엇이든 열심히 하게 됩니다. 스타벅스는 저에게 그런 장소예요."

華志亭 芽吹

나가사키 아야 씨

근무지 가나가와현 (神奈川県)
파트너 근무기간 11개월

유치원 때 공원에서 외발자전거를 타던 아이가 권해서 모임에 들어간 것이 계기라는 나가사키 씨. 사실은 작년에 개최한 외발자전거 세계대회 'UNION 19' 솔로부문 여자 전문가 부문에서 우승한 화려한 이력을 가졌다. 그뿐만아니라 사우디아라비아에서 열리는 '태양의 서커스'라는 유명 공연에 참여한 적도 있다며 순진한 얼굴로 엄청난 이야기를 술술 늘어놓는다. 스타벅스에 들어온 이유는 파트너가 컵홀더에 적어준 응원메시지 덕이라는 그녀는, '나도 누군가를 기쁘게 하는 일을 하고 싶다'며 지금 일하는 매장에서도 밝고 환한 미소로 매력을 뽐낸다고 한다.

Unicycle

추천음료
화이트모카

Spin!!

추천음료
소이차이티라테
(시나몬파우더 토핑)

Fire Fighter

사이토 유키코 씨

근무지 아이치현 (愛知県)
파트너 근무기간 16년

"고향이 너무 좋아요." 올곧은 눈매로 성실하게 답하는 사이토 씨가 소방대원이 된 이유는 학업과 취업 등으로 고향인 도요타시(豊田市)를 오래 떠나 있다 보니 고향에 도움이 되는 일을 하고 싶은 마음이 생겨서였다. "언젠가 친구가 도요타시에 대해 물어보는데 제가 제대로 대답하지 못했어요. 그게 조금 속상하더군요. 그럴 때 소방서에서 여성대원을 모집한다는 공고를 보고 이거다 싶었습니다." 스타벅스는 자신의 거처이자 언제 어느 매장을 들러도 마음이 편하다는 그녀는 '웃으면 복이와요'를 좌우명으로 삼으며 인생을 즐기고 싶다고 말한다.

photo_Nobuki Kawaharazaki   illustration_Shiho Fujioka(GRAPHICA)

Figure Skating

이시다 고유키 씨

근무지 홋카이도 (北海道)
파트너 근무기간 5개월

"아사다 마오(浅田真央) 선수를 좋아해서 피겨스케이트를 시작하게 되었습니다(^^)". 이렇게 말하는 이시다 씨는 홋카이도 대표로 전국체전에 두 번이나 출전한 경력도 있는 실력자이다. "3회전 점프도 할 수 있어요. 처음 성공했을 때는 정말 기뻤어요." 사실은 지금도 프로 쇼 스케이터가 되는 꿈을 이루기 위해 맹연습 중이다. "부상을 당하고 한동안 대회에 못 나간 적도 있어요. 하지만 지금은 힘든 시기를 잘 넘기고 조금이라도 꿈에 가까워지기 위해 노력하고 있습니다. 나중에는 쇼 스케이터가 되고 싶어요. 그래서 스타벅스에서 손님들을 대하며 커뮤니케이션 능력을 키우고 있습니다."

추천음료
화이트모카

Violin

영원히 빛나는 바이올리니스트

미즈치 구루미 씨

근무지 도쿄 (東京)
파트너 근무기간 1년 6개월

스타벅스 전체 점장 회의에서 오프닝 연주를 했다며 기쁨을 감추지 못하는 그녀. 좋아하던 록밴드 앨범 녹음에도 참여한 경력이 있고 지금도 바이올리니스트로 활동한다. "스타벅스는 나다움을 존중해주고 자연체로 있을 수 있는 장소입니다. 파트너들이 공연에 저를 추천해주시거나 '음악'이라는 제 꿈을 이해하고 언제나 응원해주시는 것에 진심으로 감사드립니다."

추천음료
오늘의 커피
(수마트라)

WOW!

Goldfish Scooping

추천음료
커피 프라푸치노
(에스프레소 샷 추가)

기무라 가나 씨

근무지 나라현 (奈良県)
파트너 근무기간 1년 6개월

금붕어 건지기 전국대회가 있다는 사실을 아시나요? 기무라 씨는 그 '금붕어 건지기 전국대회'에서 우승하고 여러 차례 1등을 한 화려한 경력의 소유자. 게다가 텔레비전도쿄 <TV 챔피언>이라는 프로그램에 출연한 적도 있다. "대회 전에는 긴장을 해서 주위사람들에게 조금 예민해지곤 해요. 그래도 스타벅스 파트너들은 제가 대회에 나가거나 성장하는 모습을 보며 기뻐해줘서 너무 좋습니다." 고향인 야마토코리야마(大和郡山)에 대한 사랑도 각별하다는 그녀는, "야마토코리야마는 한적한 곳이라 금붕어 건지기 연습도 마음 편히 할 수 있어요. 멋진 파트너도 많은 저희 매장에 꼭 들러주세요!"

Make it yours

YOUR PERFECT COFFE MOMENT

스타벅스에서
보내는 시간이
언제나 맛있는 이유

언제 어느 매장에 가도 변함없는 그 맛 때문이다.
그 맛을 찾아 나도 모르게 스타벅스로 발길을 옮긴다.
우리들을 매료시키는 그 '맛'은 어디에서 왔을까?

Reason 1
Espresso

스타벅스가 에스프레소의 참맛을
가르쳐줬다

스타벅스에서 에스프레소 음료를 먹고 커피
가 좋아졌다는 사람이 꽤 있다. 다크로스트 특
유의 강하고 깊은 향과 캐러멜 같은 부드러운
단맛. 원두를 가는 정도나 에스프레소 머신의
압력, 물 온도와 추출시간 등 모든 요소가 균
형 잡혔다는 점이 한결같은 맛의 비결이다. 갓
추출한 에스프레소만을 사용해 언제나 완벽
한 상태로 제공하는 것도 중요한 포인트이다.

인기 한정 메뉴가 다 모였다!

BEVERAGE
MENU

ESPRESSO
BEVERAGES

에스프레소
음료

에스프레소와 우유가

전 세계에서 꾸준히 사랑받는
인기 메뉴는 바로 이것!
카페라테

누가 뭐라 해도 스타벅
스 대표 메뉴. 일 년 내
내 꾸준한 인기를 자랑
하는 스타벅스 터줏대
감 같은 존재이다. 스타
벅스 카페라테를 맛보
고 나서야 커피가 맛있
다는 사실을 알았다. 모
든 역사는 이 한 잔에서
시작했다.

두유 특유의 달콤함이 왠지 좋다
소이라테

에스프레소와 어울리는 조제두유를 사
용해서 부드러운 맛을 만들었다. 두유
에서 맛볼 수 있는 촉촉한 달콤함과 깊
이 있는 향은 뭐라 형용할 수 없을 정도
로 좋다.

진한 에스프레소와
가벼운 우유의 하모니
카푸치노

폭신폭신한 폼 밀크와 스팀 밀크는 중
독성이 있다! 한 모금만 마셔도 가볍고
부드러운 감촉이 입 안에 가득 퍼지는
풍미가 특징이다.

Reason 2
Milk

고집이 담긴 우유

카페라테와 카푸치노를 만들 때 빠질 수 없는 우유는 에스프레소와의 조화를 생각해서 만든 스타벅스 오리지널 제품이다. 차가운 상태 그대로 마셔도 좋고 스팀으로 데워 따듯하게 마셔도 좋다. 에스프레소와 우유가 뒤섞인 그 맛은 가히 환상적이다.

Barista *Reason 3*

맛의 완성은 '배려심'

카운터 너머에 있는 파트너는 항상 웃는 얼굴이다. 음료를 기다리는 동안 나누는 일상적인 대화에서 힘을 얻는다. 파트너가 건네준 한잔이 맛있는 이유는 그들의 진심과 사랑이 담겨 있기 때문이 아닐까.

연주하는 '맛'의 하모니

신개념! 지금까지 먹어본 적 없는 커피 그 미지의 체험을
무스폼라테

무지방우유로 만든 매끄럽고 탄력 있는 무스폼이 올라간 더블샷 라테. 입에 닿는 묵직한 감촉과 담백한 맛을 즐겨보길 바란다.

바닐라와 달콤한 캐러멜이 주는 힐링타임
캐러멜마키아토

바닐라 풍미를 더한 우유에 에스프레소를 붓고 오리지널 캐러멜소스를 뿌려 완성한다. '마키아토'는 이탈리아어로 '표시를 하다'라는 뜻이다.

커피와 초콜릿이라는 환상의 커플
카페 모카

에스프레소에 초콜릿 시럽과 우유를 더해 순한 맛으로 변신한다. 초콜릿과 커피가 풍기는, 단맛 성애자에게 더할 나위 없이 호사로운 음료이다.

**크리미한 단맛에 넋을 잃는다!
오늘도 수고한 나에게 주는 선물**
화이트 모카

화이트 모카 시럽과 에스프레소, 우유와 휘핑크림의 조합이 절묘하다. 포근히 감싸는 부드러운 달콤함은 한 번 빠지면 헤어날 수 없다.

커피의 상식을 뒤엎은, 보다 진화한 메뉴에도 주목하자!

산뜻하고 목 넘김이 좋은 깔끔한 맛
콜드 브루

열을 가하지 않고 물만으로 천천히 추출한다. 순하고 깔끔한 맛은 콜드 브루의 특징으로, 더운 여름에 꿀꺽꿀꺽 마시고 싶은 농후한 풍미가 가득한 커피이다.

벨벳 같은 맛!?
나이트로 콜드 브루

콜드 브루에 질소가스를 주입하여 보다 깊고 크리미하게 만들었다. 입에 닿을 때 느껴지는 순한 맛을 충분히 즐길 수 있다. (일부 매장 한정)

photo_Kayoko Aoki

Personalization

Reason 4

나에게 맞는 '맛있는 시간'을
선사하는 스타벅스

무지방우유나 두유로 변경하고 에스프레소 샷을 추가하기도 한다.
제멋대로 구는 내 입맛을 스타벅스는 언제나 맞춰준다.
마음에 쏙 드는 음료 한 잔과 함께 오늘도 힘내자.

모두가 좋아하는 프라푸치노. 당신이 좋아하는 것은?

FRAPPUCCINO

프라푸치노

**깔끔하고 확실히
맛있다!**
에스프레소 프라푸치노
커피와 우유, 얼음을 섞어
서 만든다. 단맛을 더해 쓴
커피를 싫어하는 사람도
맛있게 즐길 수 있다!

**어른, 아이 할 것 없이
모두에게 인기 만점**
캐러멜 프라푸치노
캐러멜 향이 입 안 가득 퍼
지는 행복을 맛본다. 은근
히 고소한 캐러멜 향이 커
피와 잘 어울린다.

**쌉싸름하면서 달콤한
다크초콜릿은 어른의 맛**
다크모카칩프라푸치노
너무 달지 않고 적당히 쌉
싸름하면 커피 맛도 제대
로 느낄 수 있다. 자바칩의
아삭아삭한 식감은 중독성
이 있다.

**그대로 먹어도,
커스터마이즈해서
먹어도 좋다**
바닐라 크림 프라푸치노
바닐라 풍미의 밀키한 맛
이 특징이다. 심플한 음료
일수록 퍼스널옵션을 추가
하면 좋다.

**이것만 주문하는
열성팬 다수**
말차샷 크림 프라푸치노
우유와 말차가 절묘하게
어우러진 소확행 한 잔. 녹
차 향 물씬 풍기는 스타벅
스 특제 녹차가루를 사용
한다.

**따뜻한 남쪽 나라가 떠
오르는 한 잔, 후르츠티
로 상쾌함을 즐기자**
망고 패션티 프라푸치노
망고와 패션티를 섞어서
트로피컬하게 만들었다.
산뜻한 맛을 원할 때 추천
한다.

하늘(そら) @sora_starbucks

"로얄밀크티처럼 부드러운 달콤함"
잉글리쉬블랙퍼스트티라테 #ALL MILK로 변경 #화이트모카 시럽 변경 #휘핑크림 추가 #휘핑크림 많이 #캐러멜 소스 추가

페치다이(ぺちだい) @pechidai_starbucks

"우유의 풍부함과 과육의 달콤 쌉싸름함이 중독성 있다!"
바닐라 크림 프라푸치노 #브라베 밀크(Brave milk, 우유와 생크림을 5:5로 혼합해 만든 것-역자 주) 변경 #시트러스 추가 #휘핑크림 많이 #오렌지바닐라 슈가 추가 #화이트모카 시럽 변경도 추천

편집부 리서치
커스터마이즈의 모든 것

커스터마이즈에 도전하고 싶지만
한발 내딛기가 쉽지 않다.
그런 당신에게 편집부가 전하는 추천 커스텀.
지금 인스타그램에서 핫한 스타벅스 단골들이
조합하는 독특한 퍼스널 옵션을 소개한다.
다음에 음료를 주문할 때 도전해보자.

카라마키(キャラマキ) @luvstarbucksjpn

"그윽한 향이 나는 살짝 진한 핫초코로 변신!"
핫초코 #아몬드 토피 플레이버 시럽 추가 #컵 뚜껑은 덮지 않는다 #뚜껑 없이 마시면 차가운 휘핑크림의 감촉과 따스한 코코아를 함께 즐길 수 있다

유이(ゆい) @sb_yui_customize

"망고×차이=●●●!?"
망고 패션티 프라푸치노 #패션티 빼기 #차이 시럽 추가 #시트러스 추가 #기호에 맞게 휘핑크림을 추가해도 좋다 #정답은 먹어봐

스타벅스겠지(スタバだろう) @sutaba_taro

"심플 커스터마이즈로, 내 스타일을 한 잔에 담았다"
카페라테 #무지방우유 변경 #샷 추가 #우유거품 NO #영화<악마는 프라다를 입는다>에 등장 #그 이름도 유명한 '미란다커스텀'

커피를 마시지 않는 사람도 대만족

TEA / TEAVANA™ & OTHER

티/ 티바나™ & 그 밖의 음료

고상한 향과 맛을 사치스럽게 즐긴다
티
스타벅스 오리지널 찻잎을 사용한 따듯한 티. 7가지 차 종류 중에서 좋아하는 향을 고를 수 있다.

여성 고객에게 인기 만점! 전통티 마니아를 위한 메뉴
티라테
좋아하는 찻잎에 스팀 밀크와 폼 밀크를 더한다. 시럽을 살짝 넣으면 더욱 풍부한 맛이 입가에 맴돈다.

국산 유자를 이용한 풍부하고 산뜻한 차 한 잔
유자 시트러스 & 티
블랙티의 살짝 떫은맛이 시트러스 풍미를 자아내는 유자 향과 잘 어울린다. 과육이 씹히는 식감도 매력 포인트.

스파이시한 단맛이 이국적이다
차이티라테
달콤함 속에 살짝 감도는 톡 쏘는 풍미를 이루 말할 수 없다. 추운 겨울에 마시면 바로 몸이 따듯해진다.

말차와 우유는 천생연분
그린티라테
말차와 우유, 일본 전통문화와 서양의 만남을 즐길 수 있는 호사로운 음료. 쌉싸름한 말차와 단 우유의 황홀한 조화를 맛보길 바란다.

진한 초콜릿과 부드러운 우유의 만남
핫초코
초콜릿 시럽에 스팀 밀크를 섞은 다음 휘핑크림을 올린다. 이것이야말로 우리가 꿈꾸던 이상적인 코코아!

for BREAKFAST

하루의 시작은 항상 좋아하는 푸드와 함께

아메리칸 스콘 초콜릿 청크

지금은 일반적으로 스콘이 삼각형 모양이지만 원래는 크기가 큰 사각형 모양이었다고 한다. 이것을 일본인 사이즈에 맞게 반을 잘라 만든 것이 삼각형 모양 스콘의 유래이다.

샐러드랩 뿌리채소치킨

참깨마요소스를 곁들인 치킨, 연근, 당근, 잎채소를 토르티야로 말았다. 채 썬 채소와 굵게 썬 우엉을 섞어서 식감에 변화를 주었다.

아메리칸 와플

풍미가 진한 발효버터를 사용했다. 데우면 겉은 바삭하고 속은 폭신하다. 휘핑크림(유료)이나 캐러멜 또는 초콜릿소스를 뿌려 한층 풍성하게 즐긴다.

더없이 행복한 한때를

각자의 시간을, 조금 더 맛있게 만드는 대표 푸드 메뉴

아침, 점심, 그리고 오후 간식까지 다채로운 시간을 장식하는 샌드위치와 페스츄리는 모든 커피와 어울리도록 만든 메뉴이다. 대표 페어링 메뉴가 가진 매력이 보다 깊은 시간을 선물한다.

for LUNCH

재료들의 절묘한 균형감이 돋보이는 샌드위치가 주역

석쇠 휘로네(Filone) 햄 & 마리보 치즈

살코기와 지방이 적절히 섞인 스모크 숄더 햄은 따뜻하게 먹을 때 맛이 한층 업그레이드된다. 컨디먼트 바에 있는 꿀을 뿌려 먹어도 좋다.

슈가 도넛

식후에는 사각사각한 식감이 중독성 있는 슈가 글레이즈드의 심플한 도넛을 즐기자. 국산 밀을 사용해 찰지고 탄력 있는 식감을 자랑한다.

for AFTERNOON

인기 패스트리로 우아한 커피타임

시나몬롤

유지방을 넣어 만든 생지에 시나몬 필링을 얇게 펴 바르고 그것을 동그랗게 말아서 만든다. 크림치즈 퐁당(fondant) 덕에 입에서 살살 녹아내리는 맛을 완성했다.

초콜릿 청크 쿠키

쿠키의 주역은 스콘에도 사용하는 스타벅스 오리지널 초콜릿 칩. 오븐으로 구웠을 때 더해지는 풍미에도 신경을 썼다.

뉴욕치즈 케이크

두 가지 크림치즈로 만든 극강의 맛. 여름과 겨울에는 배합을 바꿔서 만든다. 여름은 가볍고 산뜻하게, 겨울은 농후하고 진한 식감으로 선보인다.

클럽하우스 샌드위치

베이컨, 반숙란, 치킨, 토마토, 잎채소에 토마토소스와 머스터드소스를 뿌렸다. 데우면 아삭한 식감으로 변신한다.

가타오카 아이노스케(片岡愛之助)
가부키(歌舞伎) 배우

1972년 3월 4일 생, 오사카(大阪府)출신. 가부키 이외에 드라마 『한자와 나오키(半沢直樹)』, 『배부름』, 2020년 NHK 대하드라마 『기린이 온다(麒麟が来る)』, 영화 『7개의 회의』 등에 출연했다.

이틀에 한 번꼴로 찾을 정도로 스타벅스를 아주 좋아합니다.

공연가기 전, 아니면 끝나고 나서 기운을 내려고 근처 매장으로 발길을 옮깁니다. 혼자 갈 때는 창가 좌석에 앉아 바깥 풍경을 보면서 여유롭게 시간을 보내는데 가끔은 아내와 함께 가기도 합니다. 점원들이 만들어 내는 생기발랄한 분위기가 좋아요. '언제나 잘 보고 있습니다. 응원할게요'라고 컵 홀더에 메시지를 적어준 파트너도 기억나네요. 그런 마음 씀씀이가 기분 좋게 합니다.

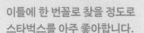

MY FAVORITE
부드러운 단맛이 일품인 캐러멜 마키아토를 좋아합니다. 석쇠 휘로네 햄 & 마리보 치즈는 햄과 치즈의 환상적인 조화로 안 먹을 수 없죠!

기요카와 아사미(清川あさみ)
아티스트

아와지시마(淡路島) 출신. 2001년 초 개인전을 연 이후 국내외에서 전시회를 다수 개최. 광고, 공간, 음악앨범 표지 작업 등 다양한 분야에서 아트디렉터로 활동한다.

음료, 푸드 모두 맛있어서 최고예요.

혼자서도 편히 들러서 아이디어 스케치를 하거나 원고를 쓰기도 합니다. 신기하게도 어느 매장에 가도 마음이 편해서 좋아요. 그래서 예정보다 오래 머물게 되요. 예전에 시즌한정 스타벅스 카드의 디자인 의뢰를 받은 적이 있는데 바로 매진되었어요. 그 카드를 들고 다니는 사람을 만나면 기분이 좋아요.

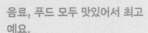

MY FAVORITE
아이스라테와 아메리칸 스콘 초콜릿 청크를 좋아합니다. 라테는 무지방으로 변경해 담백하게 마실 때도 있어요.

MY FAVORITE STARBUCKS
나만의 추천 음료 & 푸드

많은 사람들에게 꾸준히 사랑받는 스타벅스는 유명인도 단골손님이다.
스타벅스를 너무도 사랑하는 네 사람에게 '좋아하는 메뉴'를 물었다.

이마주쿠 아사미(今宿麻美)
모델

1978년 미야자키현(宮崎県) 출생. 〈GLOW〉, 〈In Red〉 같은 여성잡지에서 모델로 활동하며 이 밖에도 영화, 라디오 등 다양한 분야에서 활약한다. 두 아이의 엄마인 지금도 셀럽으로 각광받는다.

잠시 숨을 고르거나 마음을 다지며 차분히 시간을 보내고 싶을 때 찾습니다.

촬영이 끝나고 당 충전을 하고 싶을 때 스타벅스에 가곤 해요. 저에게 스타벅스는 안정감을 주는 장소라서 매장에 가면 편안해져요. 점원이 컵 홀더에 메시지나 귀여운 그림을 그려 주기도 하는데 이런 작은 친절에 기분이 좋아져요. 음료는 물론 푸드 종류도 많아서 설렐 정도랍니다.

MY FAVORITE
아이스차이티라테를 가장 좋아해요! 여름에는 거의 매일 마셔요. 일하기 전에 가볍게 샐러드랩 뿌리채소치킨을 먹기도 합니다.

가와키타 유스케(河北祐介)
헤어메이크업 아티스트

1975년 교토(京都府) 출생. 여배우와 모델에게 절대적인 지지를 받는 헤어메이크업 아티스트. 브랜드 '&be'를 론칭했고 신간 《책으로 보는 가와키타 메이크업(読む河北メイク)》(고단샤(講談社))이 절찬 판매 중이다.

일할 때는 물론 늘 스타벅스를 애용합니다.

스타벅스에는 일주일에 네다섯 번은 와서 이미 일상이죠. 입지도 좋고 부담 없이 들를 수 있어서 자주 갑니다. 일할 때는 물론 평소에도 자주 가는데, 특히 휴일에는 아내와 아이, 강아지를 데리고 갑니다. 테라스석에 앉아서 바깥을 바라보며 시간을 보내죠. 과테말라 안티구아 커피를 좋아해서 매장에서 원두를 사다 집에서 내려 먹기도 합니다.

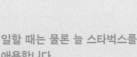

MY FAVORITE
좋아하는 메뉴는 카페라테. 아들이 버터밀크 비스킷을 너무 좋아해서 같이 자주 먹어요.

---

photo_Kayoko Aoki   text_Makiko Watanabe

도쿄·긴자식스(GINZA SIX)에 있는 스타벅스 리저브 바. 이렇게 손님들과 대화를 나누면서 커피 한 잔을 정성들여 추출한다.

| 제2장 |

오감을 자극하는 새로운 제3의 장소

STARBUCKS
리저브의
세계로

전문성을 갖춘 바리스타와 대화를 나누면서
그들이 내려주는 개성 넘치고 희소가치 있는 커피를 맛본다.
커피가 주는 풍성한 체험을 할 수 있는 장소
STARBUCKS RESERVE BAR,
그리고 상상을 초월하는
커피의 향연을 경험할 수 있는 로스팅 공장까지 갖춘
STARBUCKS RESERVE ROASTERY를 알고 계신지?
새로운 원호(레이와(令和))와 함께 새로운 커피 시대를 맞이하러 가자.

photo_Masahiro Tamura   text_Masaki Takeda(mine0-sha)

스타벅스 리저브 바에서만 볼 수 있는 메뉴
좌 · 에스프레소와 매끈하고 차가운 폼 밀크의 콜라보 아이스 폼 마키아토
우 · 질소가스를 주입한 콜드 브루 커피를 바닐라 아이스크림에 부은 리저브 콜드 브루
플로트

오감을 자극하는 다양한 매력

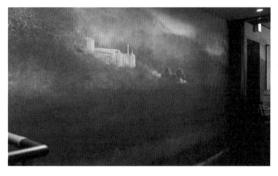

예술적인 매력도 곳곳에 숨어있다

스타벅스 리저브만의 독특한 세계관을 담은 인테리어도 눈길을 끈다. 도쿄 미드타운점에는 고급 원두를 재배하기에 적합한 부엽토의 지층을 그라데이션으로 표현한 작품이 걸려 있다. 그 위에 스타벅스 직영 하시엔다 알사시아(Hacienda Alsacia) 농원(P.102)의 정경을 그려 넣어 생산자의 한결같은 노고에 경의를 표했다.

스타벅스 리저브 바를 체험하다!

에듀케이션 카드를 줍니다!

원두와 추출방식을 고른다

제일 먼저 카운터에서 바리스타가 원두 종류와 추출방식을 설명한다. 기호에 맞는 풍미와 그 날의 기분에 따라 적절히 추천해 주기도 한다.

추출을 기다린다

바리스타가 커피 한 잔을 정성껏 추출한다. 추출하는 모습을 보며 고른 원두에 담긴 배경 스토리와 풍미의 특징을 듣는다. 그러는 사이 마음이 평안해진다.

테이스팅을 기다린다

추출이 끝나면 먼저 바리스타가 향과 맛을 확인한다. 그 과정을 거치고 나서 손님에게 한 잔을 따른다.

천천히 맛을 본다

커피와 함께 원두 생산지 스토리를 적은 에듀케이션 카드를 제공한다. 스토리를 알고 맛보는 커피는 또 색다르다.

| 제2장 | PART ①

'스타벅스 리저브 바' 란 무엇인가?

전 세계에서도 희소성 있고 개성 있는 커피원두를
바리스타와 대화도 즐기면서 맛보는
화제의 스타벅스 리저브 바는 어떤 곳일까?

커피를 마시는 이상의 체험을 할 수 있는 곳

커피의 맛은 단연코 고품질 원두에 달려 있다. 스타벅스는 전 세계에 있는 커피생산지와 신뢰관계를 구축하고 질 좋은 아라비카종을 고집하며 윤리적으로 구매하고 있다. 그러던 중에 개성 넘치고 희소성 있는 원두를 우연히 접했다. 소량이라도 마셔보고 싶어 하는 귀중한 원두를 '스타벅스 리저브'라는 이름을 단 한정된 매장에서 제공한다. 커피의 모든 것을 체험하며 한층 고급스러운 맛을 즐길 수 있는 공간이 바로 스타벅스 리저브 바이다. 바카운터에는 사이폰이나 드리퍼 같은 기구가 진열되어 있고 전문성을 갖춘 바리스타가 알맞은 추출방식으로 내린 최상의 커피를 선사한다. 좋아하는 커피가 무엇인지 손님에게 묻는다는 바리스타 소다 씨. '산뜻한 맛이 나는 커피'라 해도 산미와 쓴맛의 기호는 제각각이기 때문에 상세히 질문한다고 한다. 그러고 나서 진솔한 대화도 오간다.

"원두 탄생 스토리도 들려드리고, 특별할 것 없는 일상적인 이야기를 나누기도 합니다. 단순히 커피를 마시는 것만이 아니라 손님이 그 이상의 경험을 하신다면 저 또한 기쁠 겁니다." 대화를 나누며 받는 힐링, 배움을 통한 자극, 맛을 보며 느끼는 행복감. 차 한 잔이 주는 놀라운 체험을 선물 받는 곳이다.

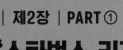

BLACK EAGLE
블랙 이글

커피를 에스프레소 샷으로 즐기고 싶다면 바로 이 방식. 희소가치 있는 원두 특유의 독특하고 섬세한 맛과 향을 끌어낸다.

COFFEE PRESS
프렌치 프레스

금속필터로 우리기 때문에 커피 오일까지 빠짐없이 추출한다. 원두 본연의 풍미를 느낄 수 있다.

CLOVER BREWED®
클로버

커피를 적당히 뜸 들인 후 진공상태에서 한 번에 빨아들여 추출한다. 향이 날아가지 않고 원두의 특징적인 맛을 잘 뽑아낸다.

선택 가능한 5가지 추출방식
※ 추출기구 보유상황은 매장별로 다를 수 있습니다

POUR-OVER
푸어 오버

바리스타가 핸드드립으로 커피를 내린다. 페이퍼 필터를 사용해 입가에 깔끔한 맛이 감돈다.

SIPHON
사이폰

뜨거운 물속에서 램프 빛과 커피가 춤추는 모습을 눈앞에서 확인할 수 있다. 커피를 휘저어 섞은 다음에 여과하여 풍미를 끌어올린다.

photo_Kenji Mimura   illustration_Takashi Taima   text_Masaki Takeda(mineO-sha)

커피 맛은 이 사람들 손에 달려 있다.

앞치마에 수놓인 별 개수는 챌린지테스트를 연간 몇 번 통과했는지를 말해준다.

검정색 앞치마를 두른 바리스타

스타벅스 리저브 바에서 일하는 바리스타는 모두
검정색 앞치마를 착용한다.
커피에 대한 열정과 전문성을 입증하는 증거다.

도쿄 미드타운점에 있는 검정색 앞치마를 두른 바리스타들. 원두의 생산지, 풍미, 향 등 커피에 얽힌 다양한 에피소드를 들려준다.

다방면에서 돋보이는 커피에 대한 열정이 맛있는 커피의 비결

누구나 스타벅스 리저브 바에 설 수 있는 것은 아니다. 1년에 한 번 있는 인증시험에 통과한 사람만이 '검정색 앞치마(블랙에이프런)'를 두를 수 있고 리저브 바에 설 수 있다. 그 수는 전 파트너 중 10%에도 못 미친다고 한다. 시험에는 원두와 생산지처럼 커피에 관한 기초지식은 물론이고 커피 관련 환경 및 사회 문제도 나온다고 한다. 예를 들어 '지구온난화에 큰 영향을 끼치는 것', '커피나무가 녹병(綠病)에 걸렸을 때 농가에 스타벅스가 무상으로 제공하는 것' 같은 질문이다. 다양한 각도에서 커피를 공부해야 익힐 수 있는 깊이 있는 내용임을 알 수 있다. 그리고 매일 커피 추출 기술도 연습한다. 사이폰을 사용할 때는 휘저어주는 타이밍을 맞추는 센스, 핸드드립은 뜸 들이기와 추출속도, 에스프레소 머신의 경우는 커피가루를 수평으로 '탬핑'하는 기술, 라테아트도 갖추어야 할 기술이다.

'그 바리스타가 내려주는 커피를 마시고 싶다'라는 생각 뒤에는 검정색 앞치마를 두른 바리스타들의 유별난 집념이 숨어 있다.

STARBUCKS RESERVE® BAR

바리스타는 이렇게 센스를 기른다

발매 2주 전에 시음용 스타벅스 리저브 원두가 도착한다. 꼭 지켜야 하는 일은 풍미를 확인하는 작업이다.
커피의 특징과 그 향에 가까운 과일이나 견과류와 풍미를 비교하면서 원두를 표현하는 실력을 기른다.

원두의 스토리를 익힌다

STEP
1

도쿄 미드타운 히비야(日比谷)점에서 시연을 한 바리스타는 지역 커피 마스터인 다카하시 씨(오른쪽)와 일본대표로 사내 대회에도 출전한 나가이 씨(왼쪽)이다. 원두의 생산지와 가공법, 풍미 등 정보가 적힌 설명서를 읽는다.

원두 향을 맡는다

STEP
2

설명서에 적힌 원두 향이 느껴지는지, 실제 과일이나 견과류와 비교하며 확인한다. "한마디로 감귤 계열의 향기라고 표현해도 그것이 오렌지인지 라임인지 실제로 맡아보면서 확인 작업을 거칩니다."

커핑(cupping)으로 향을 확인한다

STEP
3

갓 볶은 원두가루를 유리컵에 넣고 따듯한 물을 부으면 '크러스트'라는 표층부에 막이 생긴다. 그 부분을 스푼으로 훑으면서 향을 맡는다. 2단계와 달리 어떤 변화가 있는지를 실제 과일 등과 비교하면서 향을 확인한다.

커핑으로 풍미를 확인한다

STEP
4

가루가 가라앉은 상층부를 스푼으로 살짝 떠서 한 번에 빠르게 마신다. 입안에 퍼지는 향과 맛을 느낀 후 컵에 뱉어 내고 실제 과일을 베어 물며 맛을 확인한다. "혀에 느껴지는 자극과 코로 스미는 향이 비슷한지를 직접 확인합니다."

시험 추출을 한다

STEP
5

마지막으로 다양한 추출방법으로 풍미를 확인한다. "실제로 추출을 해보면서 적절한 추출방식과 속도를 확인합니다." 확인 작업을 거친 내용은 검정색 앞치마를 두른 동료들과 공유한다. 이렇게 단련된 바리스타의 실력이 커피 한 잔에 담긴다.

스타벅스 리저브 바 STORE LIST

긴자 쓰타야서점(蔦屋書店)점 도쿄도 중앙구 긴자 6-10-1 GINZA SIX 6층 ☎03-3575-6080 (銀座 蔦屋書店 東京都 中央区 銀座 6-10-1 GINZA SIX 6階) **도쿄 미드타운(Midtown Tower)점** 도쿄도 미나토구 아카사카 9-7-2 도쿄 미드타운 ☎ 03-5413-6531 (東京ミッドタウン店 東京都 港区 赤坂9-7-2 東京ミッドタウンB0103) **도쿄 미드타운 히비야(日比谷)점** 도쿄도 지요다구 유라쿠초 1-1-4 도쿄 미드타운 히비야 ☎ 03-5157-0370 (東京ミッドタウン日比谷店 東京都 千代田区 有楽町 1-1-4 東京ミッドタウン日比谷) **샤포 선교남관(shapo 船橋南館)점** 지바현 후나바시시 혼초 7-1-1 샤포 후나바시남관 2층 ☎ 047-421-4000 (シャポー船橋南館店 千葉県 船橋市 本町 7-1-1 シャポー船橋南館2階) **루쿠아 오사카(LUCUA osaka) 지하 2층점** 오사카부 오사카시 기타구 우메다 3-1-3 LUCUA osaka ☎ 06-6151-2659 (LUCUA osaka 地下2階店 大阪府 大阪市北区 梅田3-1-3 LUCUA osaka) **난바 스카이오(NAMBA skyO) 3층점** 오사카부 오사카시 주오구 난바 5-1-60 난바 스카이오 ☎ 06-6635-2205 (なんばスカイオ 3階店 大阪府 大阪市中央区 難波5-1-60 なんばスカイオ)

photo_Kenji Mimura   text_Masaki Takeda(mineO-sha)

"커피가 멋진 이유는
내 스타일대로 맛볼 수
있기 때문이다."
리저브 원두는
이런 열정과 함께 도착한다.

| 제2장 | PART ③

스타벅스 리저브
'커피콩의 파수꾼'을
만나러 시애틀로 향한다

리저브 커피가 맛있는 이유는 로스팅 정도부터 커핑까지
책임지는 전담반이 있어 수차례 엄선을 거치기 때문이다.
그 무대를 살펴보기 위해 시애틀을 찾았다.

이야기의 주인공은 커피 품질개발을 담당하는, 미각의 달
인 레슬리 월포드 씨이다. 바이어가 구입한 생두 중 리저브 원
두의 후보만이 레슬리 씨가 총괄하는 팀 앞으로 도착한다. 여
기서 다시 커핑을 거쳐 원두의 개성과 로스팅 방법, 그리고 카
드 디자인의 방향성까지 결정한다.

"당연한 말이지만 각 원두에는 생산자가 있고 기후와 문화
도 모두 다릅니다. 그래서 커피콩의 개성을 최대한 끌어내기 위
한 로스팅 방법과 표현법은 시행착오를 거듭하며 탄생합니다."

SINGLE ORIGIN

**토양이 가진 특성을 중요하게 생각하는,
평생 단 한 번의 만남 '일기일회(一期一会)'를 고집하며**

리저브 원두를 선택하는 절대 기준은 한 농원에서 수확한 싱글 오리진만
취급한다는 점이다. 토양의 특성, 풍미, 개성이 도드라진 생두 본연의
풍미도 즐길 수 있다.

향, 맛, 소리, 이 모든 것을 살핀다

원두를 평가하기 위해 연간 약 25만 컵 이상을 테스팅한다. 그중에서 엄선된 가장 개성 있고 매력적인 커피가 스타벅스 리저브 커피로 탄생한다.

CUPPING

1

2

3

4

5

1 유리컵에 원두 가루를 담은 다음 끓인 물을 붓고 3분 정도 뜸을 들인다. 2 코를 가까이 대고 향을 맡는다. 같은 원두라도 로스팅 방식에 따라 어떻게 다른지를 확인한다. 3 가루를 뒤섞은 후 향을 맡는다. 가루가 아래로 가라앉기를 기다렸다가 표면에 뜬 크러스트를 걷어낸다. 4 커피 한 스푼을 뜬다. 5 한 번에 빠르게 마시며 향과 맛을 확인한다. 온도에 따라 풍미가 다르기 때문에 다양한 온도에서 시음한다. 미묘한 변화까지 포착하며 원두를 선별한다.

ART & STORY

생산과정을 떠올리며 맛본다

싱글 오리진만 사용하는 만큼 생산지인 농원의 기후, 역사, 문화 등 원두에 관한 다양한 배경지식을 떠올리면서 음미할 수 있다. 또한 풍미나 배경 일화가 담긴 카드도 볼거리 중 하나이다. 새로운 원두가 들어올 때마다 카드 디자인도 새롭게 만든다.

맛과 향을 아는 사람
레슬리 월포드 씨

절대미각을 발휘하며 새로운 커피와의 조우를 즐긴다

섬세한 미각을 뽐내며 매일 테이스팅하는 레슬리 씨. 그런 예민한 감각을 유지하는 비결을 묻자 반드시 지킨다는 철칙을 알려준다. 잠에서 깬 아침시간은 미각도 살아 있어 식사를 하지 않은 상태에서 커핑을 한다고 귀띔한다. 그래서 아침은 커핑을 하고 나서 먹는다. 특히 테이스팅 기간에는 혀를 자극하는 향신료가 든 음식은 일절 입에 대지 않는다고 한다.

"평가를 다 하고 나서 아침을 먹습니다. 그래서 아침식사는 나에게 주는 일종의 보상 같은 거예요."

미각을 철저히 관리하는 이유는 커피를 통해 파생되는 다양한 체험을 손님들에게 전달하고 싶어서이다.

레슬리 월포드
커피 퀄리티 스페셜리스트
스타벅스 근무기간 26년. 매입부터 로스팅까지 역임한 커피전문가로, 현재는 그 지식과 경험을 토대로 개발업무를 담당한다.

"리저브 원두는 약 25개국에서 구매합니다. 다시 말해 생두를 통해 각지의 풍토, 기후, 문화, 생산자의 열정과 만나고 그때마다 감동을 받습니다. 그런 체험을 보다 많은 사람들이 하길 바랍니다. 그래서 미각과 상상력을 최대한 살려 커피를 어떻게 표현할지 고민하는 시간이 저에게는 너무도 행복합니다."

photo_Ryoko Amano(TRON) text_Masaki Takeda(mineO-sha)

STARBUCKS RESE

| 제2장 | PART ④

스타벅스 리저브

그곳은 흡사 커피가 태어나고 살아 숨 쉬는 테마파크 같다.
로스팅 기계에서 풍기는 커피 향, 천장으로 뻗어 있는 파이프에서 들려오는 원두 소리.
활기 넘치는 로스터와 미소 띤 바리스타, 1대1로 받는 서비스.
그것은 상상을 초월하는 커피의 신세계. 스타벅스 리저브 로스터리로 떠나자!

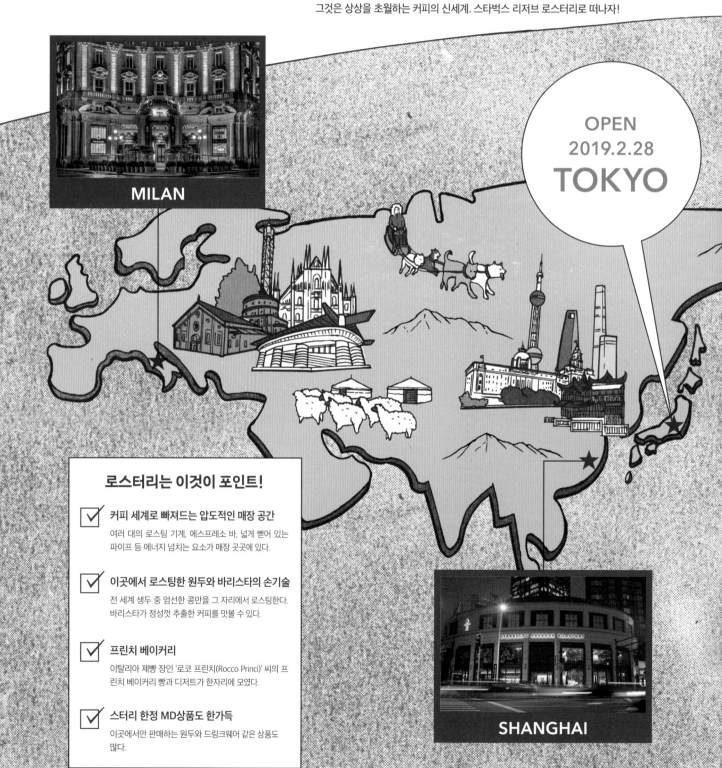

MILAN

OPEN
2019.2.28
TOKYO

SHANGHAI

로스터리는 이것이 포인트!

☑ **커피 세계로 빠져드는 압도적인 매장 공간**
여러 대의 로스팅 기계, 에스프레소 바, 넓게 뻗어 있는 파이프 등 에너지 넘치는 요소가 매장 곳곳에 있다.

☑ **이곳에서 로스팅한 원두와 바리스타의 손기술**
전 세계 생두 중 엄선한 콩만을 그 자리에서 로스팅한다. 바리스타가 정성껏 추출한 커피를 맛볼 수 있다.

☑ **프린치 베이커리**
이탈리아 제빵 장인 '로코 프린치(Rocco Princi)' 씨의 프린치 베이커리 빵과 디저트가 한자리에 모였다.

☑ **스터리 한정 MD상품도 한가득**
이곳에서만 판매하는 원두와 드링크웨어 같은 상품도 많다.

RVE® ROASTERY

로스터리가 왔다!

로스터리가 세계 각지에 속속 문을 연다!

2014년 시애틀에 오픈한 이후로 상하이, 밀라노, 뉴욕까지 매장을 꾸준히 늘린 스타벅스 리저브 로스터리. 일본에도 2019년 2월 문을 열었다! 이어서 시카고에도 오픈 예정이다. 세계 각지에서 새로운 스타벅스의 시대가 막을 연다.

OPEN 2019 CHICAGO

SEATTLE

NEW YORK

Illustration_Takashi Taima

여기가 스타벅스 리저브 로스터리 1호점

SEATTLE

THE ROASTERY TOUR

세계로 뻗어나가는
로스터리를 향해 GO!

여행은 미국에 있는 '스타벅스 리저브 로스터리 & 테이스팅 룸'에서 시작한다. 스타벅스 발상지이기도 한 성지 시애틀에서 로스터리 1호점이 탄생했다. 스타벅스 팬들이 너무도 가고 싶어 하는 그곳의 매력을 찾으러 떠난다.

**STARBUCKS
RESERVE®
ROASTERY
SEATTLE**

★

스타벅스 리저브 로스터리 & 테이스팅 룸 카페가 밀집한 캐피톨 힐 (Capitol Hill) 바로 옆, 파이크플레이스 1호점도 도보로 이동가능. 2014년 12월 오픈. 1124 Pike St, Seattle, WA 98101 ☎ +1 206 624 0173 영업시간 7:00~23:00 부정기 휴무

photo_Ryoko Amano(TRON)

오감을 자극하는 커피 체험은 여기서 시작되었다

매장 안에 풍기는 고소한 커피 향, 로스팅 기기에서 흘러나온 갓 볶은 원두, 천장으로 뻗어나가는 파이프를 통해 움직이는 원두의 달그락거리는 소리, 세계 각국에서 찾아오는 손님들의 즐거워하는 모습. 어디를 봐도 마음 설레는 이곳은 시애틀에 있는 로스터리 1호점이다. 이미 로스터리 매장이 있는 중국과 이탈리아를 제외한 국가의 스타벅스 리저브에서 소비하는 원두는 여기서 로스팅한다. 카페와 로스팅 공장이 한 곳에 있는 이런 공간은 지금까지 어디에도 존재하지 않았다. 로스팅 공정을 보면서 갓 볶은 원두로 내린 커피 한 잔을 마실 수 있다. 그뿐만 아니라 갓 구운 빵과 오리지널 칵테일, 디저트까지, 이 모든 것을 즐길 수 있다는 사실은 꿈만 같다. 시애틀에서 3번째 인기 명소로 자리매김한 이곳은 오감을 최대한 열고 스타벅스 세계로 향하는 테마파크 같은 공간이다.

매장 중앙에 자리 잡은 거대한 크기의 '캐스터'

인테리어 당시 캐스터 크기에 맞춰 천장 높이를 새로 재고 설계했다고 한다. 창문으로 새어드는 햇살이 캐스터에 반사되어 매장을 밝게 비춘다.

공장의 활동감, 카페의 고양감이 넘치는 곳

1 2 4
3 5

1 갓 볶은 원두가 지나가는 모습을 눈앞에서 볼 수 있다. 로스팅할 때 생두 온도는 최대 약 220도까지 올라간다. 로스팅한 원두를 식히기 위해 바로 뒤 섞어서 며칠간 보관한 다음 패커(packer)들이 포대에 담아 각국으로 보낸다. 2 바리스타와 대화를 나누며 원하는 추출 방식으로 커피를 맛보는 에스프레소 바. 갓 볶은 원두를 맛볼 수 있는 것은 로스터리만의 장점이다. 3 자동과 수동을 선택할 수 있는 신기한 드립머신도 있다. 4 이탈리아 아티장 베이커리 '프린치'. 코멧사라 불리는 접객 파트너에게 추천 메뉴를 물어보자. 5 미국 한정 푸드 메뉴도 판매한다. 모든 메뉴가 커피와 어울리도록 만든 일품제과.

COLUMN

'바리스타의 스승'에게 배우는 한 수 위의 커피

로스터리에서만 즐길 수 있는 커피 마시는 법을 링컨 씨에게 물었다.

"희귀하고 신선한 스타벅스 리저브 커피를 프로답게 맛보려면 제일 먼저 향을 맡아야 합니다. 그리고 소리를 내어 후루룩 마십니다. 입 안 가득 퍼지도록 말이죠. 이렇게만 해도 지금까지 마셨던 커피와는 다르다는 걸 알 수 있어요. 또 커피와 함께 제공하는 에듀케이션 카드를 읽으면서 마시길 추천합니다. 카드에는 생산지와 가공방법, 풍미의 이미지가 적혀 있습니다. 그것을 혀로 느끼면서 마시면 보다 깊이 음미할 수 있습니다."

링컨 비셔드 씨
인터내셔널 바리스타 트레이너

세계 각지의 로스터리에서 바리스타 교육을 담당한다. 이벤트나 커피 세미나 등도 진행한다. 좋아하는 스타벅스 리저브 원두는 파나마 에스테이트. "언젠가 일본 로스터리 리저브 바도 가보고 싶습니다."

photo_Ryoko Amano(TRON)

STARBUCKS RESERVE® ROASTERY SHANGHAI

★

스타벅스 리저브 로스터리 상하이 아시아 1호점으로 2017년 12월 오픈. 2층 건물로 2,700㎡, 약 400석이 연일 만석. 상하이시 징안구 난징시루(上海市 静安区 南京西路) 789호(金右門一路) ☎ +86 21 2226 2878 영업시간 7:00~23:00 부정기 휴무 오시는 길 난징시루역에서 도보 3분

전면에 전각이 새겨진 캐스크가 웅장하다.

2층 높이를 뚫은 거대한 캐스크는 전통서체로 전각을 새겨 넣어 중국문화를 상징한다. 그 안에는 저장고가 7개 있는데 로스팅한 원두는 유통이 가능할 때까지 보관한다.

아시아 최초 스타벅스 리저브 로스터리

SHANGHAI

**1층에는 스타벅스 사상 가장 긴
카운터가 있다**

거대한 플로어가 장관이다. 1층 중앙 메인
바는 길이만 약 27m. 천장에 달린 육각형
장식품은 에스프레소를 추출할 때 사용하
는 '템퍼(tamper)'가 모티브이다.

**카드를 활용한 아트워크가 매장
입구에서 손님을 마중한다**

입구에는 약 1,500장의 에듀케이션 카드를
활용한 예술품이 걸려 있다. 이 매장을 상
징하는 작품이다.

**티 전용 카운터에서는 차 우려내는
방법도 매력적이다**

티바나(TEAVANA) 코너에서는 커피머신 중 하
나인 스팀뱅크를 활용한 추출방식이 눈길을 사
로잡는다. 유리관 안에서 찻잎이 물과 뒤섞여
춤추는 모습은 진풍경 중 하나다.

세계최대 규모의
커피와 티의 원더랜드

상하이의 긴자라 불리는 핫플레이스 난징시
루에 약 400석을 완비한 거대 공간이 들어섰다.
콘셉트는 이른바 환상의 커피 낙원, '커피 원더랜
드'이다. 생두가 음료로 거듭나는 전 과정을 AR
로 만끽할 수 있어 예능감 가득한 그 모습에 넋
을 잃고 만다. 매장에는 60kg 가마형 로스팅 기
계가 2대나 있고 미국에서 9개월간 연수를 받은
로스터들이 풀가동해 커피를 볶는다.

2층에는 세계 최초로, 진귀한 중국차와 브랜
드 티를 맛볼 수 있는 '티바나' 전용 공간을 만들
었다.

티바나 담당 파트너인 양 씨는 상하이점에는
원두와 차, 향신료를 판매하는 시애틀 1호점의
정신이 살아 숨 쉰다고 전했다. 커피와 중국 전통
차 문화가 조화를 이룬 상하이에서만 느낄 수 있
는 즐거움으로 가득하다.

1 3

2 4

최신 커피 문화와 중국 역사를 융합한 시크한 공간

1 티바나에서는 스팀뱅크와 오리지널 티포트, 2가지 방식을 고를 수 있다. 사진은 구이저우성(貴州省) 홍차를 티포트로 우렸다. 프린치 특제 쿠키와 함께 차 한 잔. 2 로스팅 제1공정인 포대에서 생두를 꺼내는 작업. 3 프린치도 중국 최초로 입점했다. 햄과 치즈도 모두 현지에서 수입하는 뚝심을 보인다. 4 2층 로스팅 구역. 본 매장과 중국 리저브 매장뿐만 아니라 상하이 시내 매장에서 사용하는 원두도 모두 이곳에서 로스팅한다.

5 7 9 11

6 8 10 12

5 윈난(雲南) 커피를 사용한 '상하이 브랜드'로 만든 카페라테와 크루아상으로 아침식사를 즐긴다. 6 3D프린터로 제작한 '티바나' 전용 카운터는 중국 차밭을 형상화했다. 7 원두를 계량해서 판매하는 코너도 있다. 8 상하이점의 자랑인 AR서비스. 스마트폰을 가까이 갖다 대면 캐스크에 대한 해설과 메뉴 확인은 물론 주문도 할 수 있다. 9 로스팅한 원두는 캐스크에서 파이프를 통해 메인 바에 있는 저장고로 이동한다. 10 "오늘의 추천 메뉴는 무엇인가요?" 이런 친근한 접객서비스도 매력 중의 하나다. 11 로스터 훙훙 씨. 사무실 근무를 하다가 자진해서 시애틀에서 연수를 받고 로스터로 이직했다. "스타벅스는 꿈을 실현할 수 있는 곳입니다." 12 상하이점 한정 칵테일도 인기 만점. (왼쪽) '더 멜로즈 스트리트(The Melrose street)', (오른쪽) 백차(白茶)와 딸기를 넣어 만든 '티바나' 특제 음료 '딸기백일몽(草莓白晝夢)'.

photo_Koichi Doyo   text_Yoko Fujimori

1 브론즈 색 캐스크는 특별 주문 제작했다. 2 석쇠 오븐에서 장작을 태워 굽는 프린치의 따끈한 포카치아피자를 추천한다. 3 토리노 젤라또 장인 알베르토 마르케티(Alberto Marchetti)와 협업해서 만든 메뉴, 이곳에서만 맛볼 수 있는 아포가토. 4 밀라노의 납작돌이 연상되는 바닥 인테리어. 이 모든 것이 장인의 손에서 태어났다. 5 아리비아모 바(Arriviamo Bar)에서는 100종이 넘는 칵테일을 즐길 수 있다.

```
            3
1           4
2           5
```

드디어 에스프레소 성지에 오픈!
MILAN

패션의 거리다운 색채감각으로 매료시킨다

2018년 9월, 3번째 스타벅스 리저브 로스터리가 오픈했다. 원래 우체국 건물이었던 외관은 밀라노 거리에 자연스럽게 스며들면서도 존재감을 드러낸다. 넓은 매장은 클래식하고 중후한 색채로 가득하다. 캐스크와 저장고에 칠한 이탈리아를 상징하는 빨강과 초록의 조화도 아름답고, 이 매장에서만 볼 수 있는 대리석으로 꾸민 화려한 바카운터 등 눈길을 사로잡는 요소도 많다.

물론 밀라노가 본거지인 프린치도 입점했다. 본고장 특유의 푸드 메뉴가 특히 알차고, 토핑이 넉넉히 올라간 피자와 포카치아는 매장에서 생지로 만든다고 한다. 밀라노 사람들에게 꾸준히 사랑받는 갓 구운 맛을 갓 볶은 에스프레소와 함께 즐기고 싶다.

1 높이 약 9m 동유지 재질 캐스크에 둘러싸인 저장고와 맨해튼 최대 로스터를 자랑한다. 2 아리비아모 바에서는 칵테일은 물론 무알코올 음료도 주문할 수 있다. 3 샌드위치나 크루아상, 머핀 등을 고루 갖춘 프린치. 4 지하 플로어에는 테라리엄 정원이 있다. 하시엔다 알사시아 농원(p.102)을 형상화한 것으로 주로 커피나무와 양치식물을 기른다. 5 야채를 가득 넣은 샐러드 같은 푸드 메뉴도 잘 갖춰져 있다.

```
            3
  1         4
  2
            5
```

맨해튼의 스타일리쉬한 핫스팟에 주목
NEW YORK

미국 최초 '아리비아모 바'를 특화

뉴욕을 대표하는 트렌드 지역인 첼시(Chelsea)지구에 2018년 12월 오픈했다. 건축가 라파엘 비놀리(Rafael Vinoly) 씨가 설계한 9층짜리 빌딩 안에 입점하여 이 거리의 핫플레이스로 자리 잡았다. 천장은 뉴욕 지형이 떠오르는 정방형과 장방형 블록 격자무늬로 디자인했다. 그 사이에 뻗어 있는 파이프는 마치 지하철 노선 같다. 쇠망치로 두드려 가공해 동유지로 만든 거대한 캐스크는 럭셔리한 분위기와 잘 어울린다. 다른 로스터리처럼 오감으로 커피를 즐길 수 있는 공간이다.

탑 플로어에는 미국 최초로 만든 바인 '아리비아모'가 있다. 지금 뉴욕에서는 칵테일이 붐이다. 커피와 차를 이용한 칵테일 메뉴로 가득하다. 커피의 새로운 가능성을 만나러 가고 싶다.

STARBUCKS RESERVE® ROASTERY NEW YORK ★

스타벅스 리저브 로스터리 뉴욕 첼시마켓과 구글오피스 등이 어깨를 나란히 한 첼시지구 빌딩. 61 9th Ave, New York, NY10011 ☎ +1 212 691 0531 영업시간 7:00~23:00 (요일에 따라 변동) 부정기 휴무

text_Rie Kuroki

새로운 20년을 시작합니다.

로스터리 도쿄 오픈을 누구보다 따스한 시선으로 지켜본 미즈구치 다카후미 대표에게 그의 생각을 물었습니다.

커피를 사랑하는 파트너에게 본인들이 직접 로스팅하는 것은 오랜 꿈입니다. 동료가 로스팅한 원두로 커피를 만들어 제공하고 싶은 바람이 일본에 로스터리가 문을 연 결정적 계기라 할 수 있습니다. 출점 장소를 '나카메구로'로 고른 이유는 복잡한 도심보다는 자연을 조금이나마 느낄 수 있는 곳, 그렇지만 활기가 있는 탁 트인 거리가 좋겠다고 판단했기 때문입니다. 또 로스팅 공장을 만들 생각이라 현실적으로도 준공업 지역을 찾았어야 했으며, 그런 면에서도 지금 위치는 어울리는 장소였습니다. 사계절 변하는 메구로강의 풍경도 덤으로 감상할 수 있는, 이런 더없이 일본다운 곳에서라야만 맛볼 수 있는 커피 체험이 가능합니다. 건축설계는 구마 겐고 씨와 협업으로 진행하였고 일본이 가진 아름다운 풍경을 최대한 살리며 지어달라고 주문했습니다.

이 로스터리는 일본 스타벅스의 정점에 서는 것이 아니라 매장과 매장을 잇는 '심장'과 같은 존재입니다. 전국 매장으로 신선한 원두를 공급하고 스타벅스의 정신을 공유하는 엔진으로 삼고 싶습니다. 스타벅스가 일본에 들어온 지 22년이 되었습니다. 리저브 로스터리는 이후 또 다른 20년을 위한 문을 여는 기념비적인 장소가 될 것입니다.

고객과의 거리가 가장 가까운 로스터리로 만들고 싶어요. 커피 맛은 물론 접객 서비스도 전 세계에서 최고일 거라 자부합니다. 기대해 주세요.

미즈구치 다카후미(水口貴文) 씨
스타벅스 커피 재팬 CEO

조치(上智)대학 법학부 졸업. LVJ그룹 로에베(Loewe) 재팬 컴퍼니 프레지던트 & CEO를 거쳐 2014년 스타벅스 커피 재팬에 입사. 2016년 대표이사 겸 최고경영책임자(CEO)로 취임.

계단식 외관이 주변 경관과 잘 어울린다. 스타벅스 리저브 간판이 이곳을 상징하는 조형물로 설치되었다.

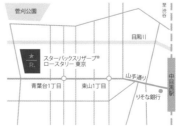

스타벅스 리저브 로스터리 도쿄

야마노테 거리와 메구로강 사이에 위치하여 이케지리오하시(池尻大橋)역과 나카메구로역 두 곳에서 찾을 수 있어 접근이 용이하다. 매장에서 나카메구로 강변에 핀 벚꽃을 보기 위해 찾는 상춘객들로 봄철에는 일대가 인산인해를 이룰 것이다. 도쿄도 메구로구 아오바다이(東京都目黒区青葉台) 2-19-23

OPEN 2019 2.28

TOKYO NAKAMEGURO

세계 최초, 4층 전관 로스터리가 일본에 온다

시애틀에서 시작한 스타벅스 리저브 로스터리가 드디어 일본에 문을 연다. 나카메구로에 모습을 드러낸 건물은 리저브만을 위해 만들었다. 지금부터 명성이 자자한 일본 단독 로스터리 매장을 소개한다.

스타벅스 리저브 로스터리 도쿄는 이것이 대단해!

TOPIC_1
벚꽃길, 거리 풍경에 녹아든
구마 겐고 씨가 설계한 건물 외관

TOPIC_2
일본인 로스터가 로스팅. 그 원두는
전국으로 나간다

TOPIC_3
이탈리아 베이커리
프린치도 입점

TOPIC_4
커피와 티바나를 마음껏 맛볼 수
있는 플로어 구성

TOPIC_5
4층에서는 이벤트도 열린다

파트너의 열정과 대접받는 기분을 만끽한다. 일본만의 독특한 매장을 꿈꾸며

2016년 10월 정식 발표 이후 고대하던 도쿄점이 나카메구로에 오픈한다. 그 유명한 로스팅 기계가 어떻게 설치될지를 상상하는 것만으로도 가슴이 벅차고 두근거린다. 또한 건축가 구마 겐고 씨와 스타벅스 디자이너의 협업으로 일궈낸 4층 건물도 볼거리 중 하나이다.

기본 커피 코너와 프린치 베이커리는 물론, 티바나도 즐길 수 있도록 4층 전관을 톡톡히 활용하고 일본 특유의 서비스도 제대로 선보일 거라며 호언장담하는

신사업추진본부 이에시게 다이고(家重大悟) 씨. 그는 '수많은 이야기가 탄생하는 장소'가 될 것이라고 포부를 밝혔다.

매장 앞 다리 건너가 주택가라 이웃주민들과 교류하면서 매장을 꾸민 점도 일본만의 방식이라고 덧붙였다. 지역에서 사랑받는 장소는 좋은 에너지를 낳는다. 이것이 스타벅스의 신조이기도 하다. 이런 공간에서 상상을 뛰어넘는 커피를 체험할 수 있다.

photo_Shinobu Shimomura   illustration_Yu Yokoyama   text_Masaki Takeda(mineO-sha), Yoko Fujimori

ROASTER

NAOKO
KIDOTA
▼

희소가치 있는 생두를 정성껏 로스팅, 생산자의 마음을 전한다

생두의 개성을 살리는 결정적인 요소는 바로 로스팅이다. 연수를 약 9개월 동안 받으면서 품질을 보존하는 로스팅 기술, 기계 사용법을 철저하게 배웠습니다. 처음에는 영어라는 장벽에 막혀 힘들었지만 스타벅스 문화의 정신인 커피에 대한 열정, 휴머니티는 만국 공통이었습니다. 남미 계약재배 농가를 찾았을 때는 소중히 자라는 생두를 보면서 귀하게 다루어야 한다는 책임감을 다시금 느꼈습니다. 신선한 커피콩을 로스팅하는 모습을 직접 보고 이야기를 나누며 오감을 자극하는 것이 로스터리가 가진 묘미라 할 수 있습니다. 손님들이 이런 두근거리는 체험을 할 수 있기를 바랍니다.

———

기도타 나오코(木戸田直子) 씨

도쿄 출신. 아르바이트로 시작해 근무 8년차. 개인적으로 세계 각지에 있는 농원을 방문하는 것이 취미. Q그레이터 자격증 소지.

TAKESHI
MATSUDA
▼

BAKER

이탈리아 베이커리와 식문화의 매력이 응축

일본에서는 이탈리아 빵을 맛볼 기회가 많진 않았지만 예전에 세계대회에 참가하며 이탈리아를 찾았을 때 다양한 종류와 깊은 맛에 푹 빠졌습니다. 로코 씨에게 배운 이탈리아 제빵은 일반적인 프랑스 빵 만들기와는 달라 놀라운 점도 많지만 본고장의 맛과 식문화를 배울 수 있어서 좋았습니다. 귀국 후에는 일본 기후나 물, 소재의 차이에 맞춰 레시피를 조금씩 바꿨습니다. 강력 추천 푸드는 포카치아 비슈와 파네토네입니다. 현실감 넘치는 공간에서 새로운 식문화를 즐겨 보세요.

———

마쓰다 다케시(松田武司) 씨

2005년 'VIRON'에 입사해 브랑제리(Boulangerie)부문 총괄 셰프로 일했다. 2018년부터 현직에 임한다. 프랑스 제과제빵대회 'Mondial du Pain' 준우승 외 국내외 대회에서 수상 경력 다수.

TOPIC_6

본고장에서 실력을 쌓은 로스터 & 베이커

새로운 도쿄 로스터리에는 본고장에서 실력을 갈고 닦은 스페셜리스트가 다 모였다. 시애틀 근교 로스팅 공장과 실제 매장에서 연수를 한 로스터와 이탈리아 제과 장인 로코 프린치 씨에게 제과를 배운 베이커에게 이야기를 들었다.

photo_Masamichi Takeda
text_Makiko Watanabe

| 제3장 |

스타벅스의
모든 것을 알고 싶다!

북미 지역을 제외한 첫 해외 출점으로 스타벅스가 일본 긴자에 등장한 지 20년이 넘게 흘렀다.
그 이후 일본사람들의 꾸준한 사랑을 받는 스타벅스.
그 이유는 무엇일까?
알 듯 말 듯한 스타벅스에 관한 모든 것을
지금! 다시! 다각도로 살펴본다.

1971
미국 시애틀 파이크 플레이스 마켓에
탄생

1982
하워드 슐츠 씨가 영업과 마케팅
책임자로 입사

1983
하워드 슐츠 씨가 밀라노로, 이탈리아
에스프레소 문화와 만나다.

1996
북미 지역 외 첫 해외시장으로 긴자에
일본 1호점을 오픈

2014
스타벅스 리저브 로스터리 1호점을
시애틀에 오픈

2015
돗토리현에 출점하며 일본 전국에 스
타벅스 매장 오픈. 스타벅스에서 사용
하는 원두 99%를 윤리적으로 조달

2017
케빈 존슨 씨가 CEO로 취임

현재 전 세계 78개국에 29,000개가
넘는 매장 보유

세 남자가 의기투합해서 만든 1호점. 그들은 미국 서해안에 다크로스팅한 원두를 들여왔다고 알려진 알프레드 비트(Alfred beet)에게 로스팅 기술을 배웠다.

| 제3장 | PART ①
The history of STARBUCKS

스타벅스의 시작은 시애틀 파이크 플레이스 마켓 1호점에서

우리들의 일상이 된 스타벅스. 어디에서 시작했을까?
아직 모르는 사람은 물론 이미 아는 사람도 다시 알아야 할, 스타벅스 탄생과 성장 과정을 보기 위해
발상지인 시애틀 파이크 플레이스 마켓을 찾았다.

미국 북부 서해안에 위치한 워싱턴 주 시애틀. 이 지역에서 100년이 넘는 역사를 자랑하는 시장 파이크 플레이스 마켓. 그 한 구석에서 1971년 스타벅스 1호점이 탄생했다. 창업자는 제리 볼드윈(Jerry Baldwin), 고든 보커(Gordon Bowker), 지브 시글(Zev Siegl)이다. '스타벅스'라는 이름을 제안한 사람은 문학을 좋아하는 제리. 허먼 멜빌(Herman Melville)의 명작《모비 딕》에 등장하는 항해사 '스타벅'에서 아이디어를 얻었다고 한다. 그 이름의 유래처럼 스타벅스는 이미 전 세계 바다를 항해하고 있다.

그런데 시장 한구석에 1호점을 연 것도 신기한 인연이 아닐 수 없다. 어시장과 야채, 과일가게, 잡화점과 빵집 같은 다양한 가게가 즐비한 곳에 밀착한 커뮤니티 공간으로 발전한 파이크 플레이스 마켓. 과거 존폐의 위기에 처한 적도 있지만 시민단체가 발족하며 회생했다. 현재 마켓 관리와 운영을 맡은 NPO도 시민의 손으로 만들었다. 파이크 플레이스 마켓은 스타벅스가 내거는 '사람과 지역사회와의 연결고리를 만들겠다'는 이념과 딱 떨어지는 성지이기도 하다.

Pike Place Store
파이크 플레이스 스토어/ 스타벅스 1호점. 모든 스타벅스가 '시작된 장소'. 1912 Pike Place Seattle, WA 98101 ☎ +1 206 448 8762 **영업시간** 6:00~20:00 비정기 휴무

매장 인테리어, 머신, 판매품목, 그 모든 것이 당시 그대로

문을 연 이래 시장 측과도 끈끈한 관계를 유지하고 있다. 매출 일부를 기부하고 보육·요양 시설이나 진료소 등 시장 안에 있는 복지시설에도 지원을 아끼지 않는다. 커피를 파는 것에서 그치지 않고 그 안에 사는 사람들도 잊지 않는다. 1호점에서 시작한 정신이 지금까지 이어지는 증거라 할 수 있다.

일단 매장에 들어서는 순간 늘 만나던 스타벅스와 달라서 놀란다.

1호점 매장매니저로 일하는 콜라 씨는 갈색 앞치마를 두르고 이 가게가 스타벅스의 시작점이라며 뿌듯해 한다.

"스타벅스의 발상지인 만큼 최대한 옛 모습 그대로 두었어요. 매장 인테리어는 오픈 당시와 거의 똑같습니다."

당초 1호점은 원두와 홍차, 향신료만 판매했다. 지금도 매장에 내건 초대 사이렌 로고에는 '스타벅스 커피 티 스파이스'라고 적혀 있다. 당시 마케팅 책임자였던 전 CEO 하운드 슐츠가 밀라노에서 바(bar) 문화를 체험하고 와서 1984년에 카페라테와 카푸치노 같은 에스프레소 음료를 판매하기 시작했다. 음료를 제공하는 바카운터를 새로 설치하긴 했지만 그 밖의 인테리어는 모두 개점 당시 그 모습 그대로이다. 인테리어는 전체적으로 나무 소재가 많아 따스하

1 초대 로고인 갈색 사이렌이 이 매장을 찾는 안표이다. 매일 문을 열자마자 손님들이 몰려와서 하루 종일 가게 밖까지 줄이 끊이지 않는다. 2 바다 근처 햇볕이 잘 드는 파이크 플레이스 마켓에는 전 세계에서 수많은 사람들이 찾아온다. 1호점은 마켓 입구에서 걸어서 약 5분 거리에 있다. 3 가축 사료가 있던 자리에 원두를 담고 인테리어로도 활용한다. 건축 당시 모습을 최대한 그대로 두었다. 4 출입문 위에는 가게 주소이기도 한 1912라는 숫자가 적혀 있다.

게 느껴진다. 이 매장에는 특이하게 테이블과 의자가 없고 창가에 카운터만이 자리한다. 다른 매장처럼 밖에 간판을 내걸지도 않고 기간한정 프로모션 상품도 판매하지 않는다. 에스프레소 머신마저도 타 매장과 다르다. 이 가게는 어디를 봐도 '오리지널' 그 자체이다.

1호점 입구 천장 바로 아래에 걸려 있는 원두로 만든 돼지상은 시장의 기원에서 유래한다. 과거 마켓은 소나 돼지 같은 가축을 주로 판매했는데, 1호점 자리도 스타벅스가 들어오기 전에는 가축 사료를 판매하던 가게였다고 한다. 가축 판매를 끝내는 날 제일 마지막에 팔린 돼지 이름이 '레이첼'이었고 그 후 마스코트 같은 존재로 부상했다. 파이크 플레이스 마켓의 로고뿐만 아니라 여러 장소에 레이첼을 상징하는 돼지상이 보이는 것도 그 이유에서다. 덧붙이자면 1호점에 장식한 돼지상 이름은 스타벅스답게 '포크 & 빈즈(beans)'다. 이 이름은 1호점이 오랫동안 마켓과의 교류를 중요시해 온 증거로 파트너가 지었다고 한다.

"이 매장은 초심을 잃지 않기 위한 장소이며 전 세계에서 방문하는 수많은 사람들이 스타벅스의 성장과정을 떠올리는 곳으로 계속 자리매김하기를 바랍니다."

5 매장 매니저 콜라 씨(오른쪽)와 어시스턴트 매니저인 린지 씨(왼쪽). 미소가 멋진 두 사람. 6 주문하면 컵을 던지는 퍼포먼스가 연출된다. 생선가게에서 생선 던지는 모습을 흉내 낸 것이라고 한다. 7 1호점 한정 '파이크 플레이스 블랜드'라는 원두. 시장에서 파는 견과류와 초콜릿 풍미를 이미지화해서 특별하게 블렌딩했다. 8 천장 근처에 붙어있는, 가게 수호신이기도 한 '포크 & 빈즈'.

환경에 대한 배려
커피의 미래를 위해 친환경
이면서도 녹병(※)에 강한
품종을 개발하고 있다.
※ 커피나무를 고사시키는
병의 일종

제3장 | PART ②
The reason why people love
STARBUCKS Coffee

맛있는 커피를 위한
원두에 대한 고집

고급 품종 커피를 어떻게 관리하고 유지할까.
하시엔다 알사시아 농원의 한결같은 집념.

미래를 위한 커피 연구가
진정한 맛을 낳는다

커피는 나무에서 자라는 농작물이다. 그래서 환경과 기후 변화에 크게 좌우된다. 대부분의 생산자는 소규모 농가라 질 좋은 커피를 재배하지 못하면 존속 자체가 어렵다고 한다. 이에 스타벅스는 2004년부터 생산지에 '파머 서포트 센터'(p.114)를 만들고 농가를 지원해왔다. 2013년에는 보다 충실하게 지원하기 위해 스타벅스 직영 농원인 하시엔다 알사시아와 협력하기 시작했다.

코스타리카 아라후엘라 주에 있는 직영 농원에서는 커피 재배를 위한 연구를 한다. 농학 전문가가 생두를 심어 커피나무를 기르고 토양과 재배법, 가공법을 연구한다. 기후변동과 병충해에 강한 품종이나 수확량이 많은 품종도 개발한다. 그리고 이런 연구결과를 전 세계에 있는 생산자와 나누면서 고품질 커피 생산을 지속 가능하게 돕는다. 이런 노력이 있어 현재뿐만 아니라 미래에도 맛있는 커피를 마실 수 있는 것이다.

하시엔다 알사시아 농원
농원에서는 한 알의 콩에서 한 그루의 묘목으로 자라 한 잔의 커피가 되는 전 과정을 견학할 수 있다. 카페시설이 갖춰진 방문자 센터도 있다.

맛있는 커피를 생산하기 위한 연구

토양 관리
변화무쌍한 기후의 영향을 덜 받으려면 어떤 토양이 좋은지, 비료 종류나 물의 양 등 다양한 각도에서 연구한다.

재배 연구
씨앗에서 나무로 자라는 커피 재배과정 중 장기과제에 대한 해결책을 연구한다. 그 연구결과를 생산 농가와 공유한다.

가공법 연구
품질과 풍미를 좌우하는 가공방법도 일관되게 유지한다. '습식법', '반습식법', '건식법' 중 어떤 방법이 적당한지를 판단한다.

맛 관리
모든 커피를 테이스팅한다. 스타벅스의 커피 품질에 만족하는지를 체크하는 과정이다.

---

❶ BLONDE ROAST

로스팅 시간이 짧아 가벼운 바디감과 부드러운 풍미가 특징이다.

스타벅스 윌로우 블렌드
순간적으로 느껴지는 산뜻한 시트러스 계열의 풍미가 특징. 신선한 산미가 우아하게 느껴지는 커피.

스타벅스 라이트노트 블렌드
밀크초콜릿이나 볶은 견과류와 잘 어울린다. 가벼운 바디감과 부드러운 목넘김, 적당한 산미가 특징.

DECAF

카페인을 99퍼센트 이상 제거한 원두

디카페인 하우스 블렌드
견과류와 코코아 풍미가 나는 것이 특징. 향과 바디감, 산미가 적절한 균형을 이룬 디카페인 커피.

생산자와 함께 지속 가능한 커피재배를 묵묵히 이어온 스타벅스. 전국 매장으로 보내는 대표적인 원두를 로스팅 강도별로 나누어 소개한다.

❶ MEDIUM ROAST

균형 잡힌 순한 맛과 풍부한 풍미가 특징이다.

블랙퍼스트 블렌드
이름처럼 하루의 시작과 어울리는 활기찬 느낌의 커피. 시트러스 계열의 풍미와 깔끔하고 상쾌한 맛.

케냐
다른 생산지 원두에서는 좀처럼 맛볼 수 없는 이국적인 맛. 상쾌한 향과 강한 산미와 함께 묵직함을 느낄 수 있다.

파이크 플레이스 로스트
스타벅스의 발상지 이름을 딴 커피. 하루 종일, 그리고 매일 즐길 수 있는 편안한 맛.

과테말라 안티구아
초콜릿의 달콤함과 향신료 같은 고급스러운 산미가 적절히 섞인 세련된 커피.

에티오피아
다크초콜릿과 달콤한 시트러스, 후추 같은 톡 쏘고 강한 풍미가 특징. 입에 닿는 감촉은 부드럽다.

하우스 블렌드
창업 당시부터 존재한 출발점이라 불리는 커피. 향과 맛, 바디감, 모두가 균형 잡혀 있다.

콜롬비아
안데스 고산지대에서 재배한 커피. 견과류가 떠오르는 고소한 풍미가 특징.

포장지 측면도 체크하자

원두포장지 측면을 보면 원두의 스토리와 맛, 로스팅 방법 같은 지식이 되는 정보가 적혀 있다.

커피 스토리
원두 생산지와 그 특징, 강조하고 싶은 맛을 끌어낸 로스팅 강도 등, 이 부분을 읽으면 커피에 담긴 역사를 알 수 있다.

❶ DARK ROAST

묵직한 바디감과 진하고도 강한 풍미가 특징이다.

수마트라
중후하고 깊이 있는 바디감, 옅은 허브 향과 스파이시한 풍미로 사람들을 매료시키는 커피.

코모도 드래곤 블렌드
신선한 허브 향에 스파이시한 여운이 남는 복잡한 맛의 커피.

카페 베로나
다크코코아 풍미, 다크로스팅 특유의 깊고 진함이 느껴진다. 확실하고 풍부한 맛이 일품이다.

에스프레소 로스트
에스프레소 음료의 기본이 되는 커피. 풍부한 아로마와 부드러운 산미, 캐러멜과 같은 단맛, 그리고 바디감을 느낄 수 있다.

공정무역 인증 이탈리안 로스트
달콤한 캐러멜이 느껴지는 리치하고 강한 풍미. 공정무역 인증 커피.

프렌치 로스트
제일 강도 높은 다크로스팅이 선사하는 강렬한 스모키함이 특징. 고온에서 볶아도 잘 견디는 질 좋은 생두만을 선별한다.

로스팅 정도
이 부분에는 로스팅 강도를 일목요연하게 정리했다. 일반적으로 라이트로스팅은 산미가, 다크로스팅은 바디감이나 풍미가 진해진다.

테이스팅 노트
예를 들어 SMOOTH & BALANCED(부드럽고 & 균형감 좋은)라고 적힌 부분을 읽으면 커피의 맛을 상상할 수 있다.

photo_Masamichi Takeda(Coffee package)　text_Masaki Takeda(mineO-sha)

STARBUCKS
+Me
스타벅스와 함께하는 삶

스타벅스를 즐기는 방법도 천차만별.
좋아하는 음료를 매장에 가서 즐길 뿐만 아니라 집이나
야외에서 커피를 직접 내려 마시는 것도 색다른 재미이다.
좀 더 자유롭게. 그리고 좀 더 일상적으로.
생활에 녹아들 듯 스타벅스와 늘 함께 하는
2명의 파트너와 그들의 삶을 소개한다.

Scene.1

아베 씨

가족과 함께 캠핑을 떠나는 즐거움
야외에서 마시는 커피는 더욱 특별하다.

Coffee @ Camp

가나가와현에 있는 '노로로지(noro-lodg)' 캠핑장은 계절의 변화가 느껴지는 산과 깨끗한 강물이 매력이다. 도심에서 차로 약 1시간 떨어진 거리라는 좋은 입지도 추천 포인트이다.

1 아베 씨가 직접 만든 팔자다리 목재 선반. 공간에 맞게 적절히 조립할 수 있는 캠핑 필수 아이템. 지금 높이가 핸드드립하기에 딱 좋다. 2 텐트 안에서 가족들끼리 보내는 한가로운 시간. 겨울에는 장작스토브를 가져와 추위를 달랜다고 한다. 취재 당일은 중학생 딸이 안타깝게도 시험기간이라 불참했다. 3 가져온 장작으로 불을 피운다. 순식간에 불을 붙이는 기술은 아베 씨가 가진 숨은 재주. 4 스타벅스 리저브 로고가 찍힌 머그컵과 커피타임. 원두는 그 날의 기분에 따라 고른다. 5 아침식사는 커피와 어울리는 프렌치토스트. 계란물은 집에서 미리 준비해 온다. 6 7살 아들도 요리를 돕는다. 방울토마토를 자르는 자세는 많이 해본 솜씨다. 7 가족이 다 같이 만든 정성 가득한 아침상. 커피가 잘 식지 않는 스테인리스 텀블러는 아웃도어용으로 추천한다.

가족과 함께하는 캠핑에 살며시 곁들이는 커피

"자연에 둘러싸인 야외에서 가족과 캠핑을 하며 좋아하는 커피를 즐기는 시간은 휴일에 빼놓을 수 없는 일과예요."

스타벅스에서 인연을 맺었다는 두 사람. 커피를 좋아하는 동료 파트너였기 때문에 취미인 캠핑을 갈 때도 자연스럽게 커피 추출도구를 챙겨왔다고 한다. 숲과 강이 펼쳐진 곳에서 마시는 한잔은 기분 탓인지 평소보다 맛있다.

"커피는 갓 내렸을 때가 제일 맛있어서 캠핑할 때도 바로 내려 먹으려고 원두를 갈아 옵니다." 밖에서 느긋하게 커피를 마시기 위해 챙겨 온다는 나무의자와 테이블은 캠핑용으로 아베 씨가 손수 만든 것이다. 핸드메이드 제품에서 느껴지는 온기도 대자연 안에 곁들여진 것 같다.

커피와 어울리도록 고민했다는 요리도 주목할 만하다. 풍부한 맛이 살아있는 따듯한 샌드위치, 밤조림, 클로티드 크림을 곁들인 프렌치토스트. 이 음식은 부부가 시행착오를 거치면서 고안해낸 메뉴이다. '이건 그 커피에 어울릴 거야', '이 재료가 잘 어울릴 것 같아'라며 서로 의견을 내면서 조합해보곤 한단다.

"가족이 다 같이 즐기는 캠핑과 너무도 좋아하는 커피. 더할 나위 없이 행복한 시간이에요."

스타벅스 파트너에게 배우는
커피 맛있게 내리는 법

STARBUCKS
Coffee Lesson 1

【 핸드드립 편 】

야외에서도 집에서 내리는 커피 맛을 내는 것이 포인트.
핸드드립으로 깔끔한 맛을 즐긴다.

스타벅스 바리스타도 애용하는 '세라믹 드리퍼'. 커피 10g당 뜨거운 물은
180ml.

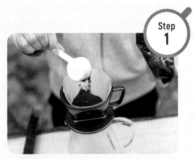

Step 1

원두를 필터에 담는다
커피를 내리기 전에 드리퍼와 서버를 따뜻한 물로 데
워 두면 커피 온도가 쉽게 내려가지 않아서 좋다.

Step 2

원두를 평평하게 만든다
담은 원두가루가 수평이 되도록 드리퍼를 좌우로 톡톡
가볍게 친다.

Step 3

원두를 뜸 들인다
뜨거운 물을 한가운데부터 반원을 그리듯 조금씩 붓
고, 원두가루 전체에 물이 닿을 수 있도록 30초 정도
기다린다.

Step 4

뜨거운 물을 붓는다
뜨거운 물을 정성들여 붓는다. 커피 층이 뒤섞이지 않
도록 천천히 붓는 것이 요령이다.

Step 5

드리퍼를 걷어낸다
커피를 적당량 추출했다면 뜨거운 물이 드리퍼에 남아
있어도 걷어낸다.

Step 6

컵에 따른다
추출한 커피를 한 바퀴 정도 돌려 섞은 다음 컵에 따르
면 된다.

스타벅스를 조금 더 즐기고 싶은 당신에게

오리지널
차이티라테 만드는 법

아베 씨가 전하는 티바나 차이의
찻잎을 활용한 메뉴를 소개한다.

티백 2개와 따뜻한 물을 넣고 천천
히 끓인다.

우유를 넣고 조금 더 끓인다. 단맛을
원하면 설탕을 넣어도 좋다.

기호에 따라 시나몬 같은 향신료를
넣고 향미를 더하면 끝.

로스터리에서
기다리겠습니다!

아베 다쿠야 씨
스페셜리스트 로스터리영업부

스타벅스 리저브 로스터리 도쿄에서 영
업 스케줄 및 파트너 시프트 관리 담당.
에티오피아 원두 베이스로 블렌딩한 커
피를 좋아한다.

Scene.2

구라모리 씨

느긋하게,
그리고 차분하게 나만의 커피타임

Coffee @ Home

1 커피 도구가 진열된 선반. 케멕스, 유리 핸드드립 커피메이커, 프렌치프레스 등 커피 스페셜리스트답게 다양한 커피 추출도구를 진열했다. 한구석에는 커핑용 유리잔을 줄이어 놓았다. 2 외국에서 샀다는 프렌치프레스 전용 주걱 스틱세트. 큰 스푼은 커피 한 잔 분량인 10g 용량으로 추출할 때 쓰기 편리하다. 집에 다양한 원두가 항상 구비되어 있다고 한다.

3 커핑 필수품인 애용하는 스푼. 'MOCCHI'라는 애칭이 각인된 그녀만의 스푼도 있다. 4 외국에 나갈 때마다 스타벅스 머그컵이나 텀블러를 꼭 살펴본다고 한다. 크기와 디자인도 각양각색이라 보고만 있어도 여행의 추억이 되살아날 것 같다. 5 외국에서 사 온 베어리스타와 홀리데이 한정으로 판매한 순록인형도 있다. 6 많은 파트너가 갖고 싶어 하는 검정색 앞치마. 무려 5장이나 된다.

편안한 내 집에서 정성껏 내린 커피 한 잔

스타벅스에는 '커피 스페셜리스트'라고 불리는 전문가가 있다. 검정색 앞치마를 두르고 있으며 커피 전문지식을 갖춘 그들은 주로 '커피마스터' 교육을 담당한다. 현재 일본에는 6명의 커피 스페셜리스트가 활동한다.

바리스타 경력 16년인 구라모리 씨도 그중 한 사람이다. 하루에 많은 양의 커피를 커핑하고 원두 풍미를 알아낸다. 그녀는 아침마다 직접 내린 커피를 들고 출근한다고 한다.

"제 방에서 커피를 마시는 게 제일 좋습니다. 함께 마시는 시간도 소중하지만 눈앞에 놓인 한 잔을 깊이 음미하고 싶을 때는 혼자서 마셔요. 커피를 마시는 방법과 장소는 모두 제각각이니까요."

원두를 고르고, 그라인더로 갈고, 핸드드립으로, 때론 프렌치프레스로 그 날의 기분에 따라 다채롭게 즐긴다.

구라모리 씨에게 커피란 '목적'이 아닌 '수단'이다.

"스타벅스 커피를 마시고 손님들이 조금이라도 기뻐하면 좋겠어요. 기분 좋은 날이 계속되면 결국에는 모두가 행복해지니까요. 이런 선순환이 일어나면 세계평화도 이루지 못할 꿈만은 아니겠죠."

집에서도 밖에서도 늘 커피와 함께 하는 구라모리 씨. 덕분에 커피가 가진 커다란 가능성에 대해서 새삼 생각해 본다.

스타벅스 파트너에게 배우는
커피 맛있게 내리는 법

STARBUCKS Coffee Lesson 2

【 프렌치프레스 편 】

원두가 가진 특징을 가장 많이 끌어내는 추출방식.
특별한 기술 없이도 손쉽게 맛있는 커피를 즐길 수 있다.

스테인리스 프렌치프레스(900ml)와 스타벅스 영문 로고가 찍힌 커피포트 주
전자(현재 판매종료)를 애용한다.

Step 1

원두를 계량한다

커피는 스푼 하나(10g)당 따뜻한 물 180ml가 적당하
다.

Step 2

원두를 간다

원두는 스타벅스 매장에서 무료로 갈아준다. 프렌치프
레스로 내릴 때는 가늘게 분쇄한 원두를 준비한다.

Step 3

따뜻한 물을 붓는다

원두를 넣고 따뜻한 물을 붓는다. 원두가루를 넣기 전
에 따뜻한 물로 프레스를 데워 두면 좋다.

Step 4

휘젓는다

스푼을 이용해 원두와 따뜻한 물이 잘 섞이도록 휘젓
는다.

Step 5

4분 동안 기다린다

프렌치프레스로 가장 맛있는 커피를 추출하는 시간은
4분. 타이머나 알람을 이용해 정확한 시간을 잰다.

Step 6

프레스한다

천천히 아래로 누르며 프레스하면 완성. 컵에 따라서
드시길 추천한다.

스타벅스를 조금 더 즐기고 싶은 당신에게

집에서 할 수 있는 푸드 페어링

Pairing 1   초콜릿

커피의 특색에 맞게 초콜릿을 고르는 것이 요령이다. 산
뜻한 산미가 있는 커피는 과일 향 나는 초콜릿과 함께 먹
으면 풍미가 살아난다.

Pairing 2   양갱

'토라야' 양갱과 과테말라 안티구아는 환상의 조합이다.
산미가 적은 커피에는 앙금 과자가 잘 어울린다.

커피를 자유롭게
즐기세요!

구라모리 아쓰코(藏森府子) 씨
커피 스페셜리스트

커피 스페셜리스트로 커피마스터 교육
을 담당한다. 좋아하는 원두는 과테말
라 안티구아.

We Love STARBUCKS ♥

내가 스타벅스를
사랑하는 이유

" **#스타벅스-에
내 맘대로 '나'라는
해시태그도 붙여요 ^^** "

다카하시 아이 씨가 스타벅스를 만난 것은 막 상경한 18년 전이다. '모닝구무스메' 전 멤버인 아이 씨는 같은 멤버 곤노 아사미(紺野あさ見) 씨의 권유로 처음 맛본 스타벅스 음료가 캐러멜 프라푸치노였다고 한다.

"그 충격적인 맛은 지금도 잊을 수 없어요. 그 다음부터 완전히 스타벅스 홀리이죠."

자주 마시는 메뉴를 묻자 '오늘은 시럽 없이 두유로 변경한 호지차라테. 소이라테에 캐러멜 소스를 추가하기도 하고 핫초코도 좋아한다'며 딱 하나를 꼽기 힘든 모습이었다. 게다가 홀리데이 시즌에 등장하는 진저브레드라테 얘기가 나오자 어쩔 줄 몰라 했다.

"인기가 많아서 종종 품절되는 날도 있는데 제가 너무 속상해 하니까 점원 분이 차이티라테에 샷 추가를 하고 시나몬 파우더를 뿌리면 비슷한 맛이 난다고 비법을 알려 주셨어요. 그런 세심한 배려도 스타벅스에 매일 가고 싶은 이유가 아닌가 싶어요."

무대에서나 밖에서나 스타벅스 보틀에 음료를 넣어 다니고 출장을 갈 때도 매장을 일부러 찾아가기도 한다.

"그러고 보니 작년 크리스마스 때 남편과 만나기로 한 약속 장소도 스타벅스였어요. 하루에도 몇 번씩 가고 싶은데 브레이크를 거느라 힘들어요."

빙그레 웃는 다카하시 씨의 스타벅스 사랑은 대단히 깊다.

배우 · 모델
다카하시 아이(高橋 愛) 씨

"수집 욕구를 자극하는 스테인리스 보틀과 텀블러. 타이완과 LA에서 구입한 것도 있습니다. BEAMS와 콜라보로 만든 스타벅스 키링(현재 판매종료)은 초록색을 골랐어요."

PROFILE
1986년 후쿠이(福井)현 출생. 전 '모닝구무스메' 멤버. 제5기 멤버로 10년 동안 활동했고 제6대 리더 및 Hello! Project 리더를 역임했다. 멤버 졸업 후에는 배우 생활을 하며 무대, 드라마, 패션잡지 모델 등 다방면에서 활동한다. 아메블로, 인스타그램, 패션앱 WEAR도 운영한다.

STARBUCKS
A to Z

| 제3장 | PART ④

스타벅스에 대해
알아야 할 48가지

스타벅스 통(通)이라 표방한다면 알아야 할 모든 것을
A에서 Z까지 48가지 키워드로 알아본다. 당신이 이미 아는 것은 몇 개인가?

photo_Kazuki Sato, Ryoko Amano(TRON) illustration_Tomoko Fujii text_Mitsuharu Yamamura, Yoshinori Akaike(BOOKLUCK)

Apron 에이프런

검정색 앞치마는 무슨 뜻인가?

스타벅스에서 자주 보는 앞치마 색깔은 보통 초록색이지만 가끔 눈에 띄는 시크한 검정색도 있다. 이 앞치마를 두른 파트너가 바로 '희귀한' 바리스타이다. 검정색 앞치마는 다름 아닌 선택 받은 커피 전문가라는 증거이다. 일 년에 한 번, 커피에 대한 폭넓은 지식과 원두의 특징을 나타내는 표현력을 묻는 시험을 치르고 그 시험에 합격한 사람만이 이름이 자수로 새겨진 '블랙 에이프런'을 손에 넣을 수 있다. 전 파트너의 10%에 불과한 난관을 뚫은 그들은 이른바 커피 스토리텔러라 할 수 있다. 궁금한 것이 있으면 무엇이든 물어보시라.

Aged Coffee 에이지드 커피

시간을 더해가며 태어나는 첫맛

자극적이고 새로운 커피 체험. 스타벅스의 커피 팬이라면 한 번은 들어본 적이 있는, 언젠가는 마셔보고 싶은 에이지드 커피. 생두를 숙성 전용 창고에 3년에서 5년 동안 보관하여 정성껏 숙성시킨다. 숙성 정도를 확인하고 알맞은 시기에 세상에 내놓는다. 독특한 단맛과 깊이 있는 향, 강한 감칠맛은 그 오랜 숙성 시간을 떠올리며 입 안과 가슴에 진하게 울려 퍼질 것임이 틀림없다.

에이지드 커피 생두는 주머니 속에서 차분히 숙성되며 그날이 오기를 기다린다.

C.A.F.E.practice C.A.F.E.프렉티스

미래를 위해 지금 해야 할 일

C.A.F.E.프렉티스는 생산자와 생산 지역이 좋은 관계를 구축하면서 지속적으로 고품질 커피를 생산할 수 있도록 국제환경NGO 국제보호협회(Conservation International)의 협력으로 만든 가이드라인이다. 여기서 'C.A.F.E.'는 Coffee And Farmer Equity의 첫 글자를 딴 것으로, 대부분 소규모인 커피 생산자를 최대한 배려하고 동반 성장을 위한 장기 계약을 체결한다.

가이드라인은 품질기준이나 경제적 투명성, 제3자의 기관에 의뢰한 평가를 포함해서 사회적 책임과 환경을 생각하는 리더십이라는 4가지 축으로 구성되었다.

Cupping 커핑

최고의 커피를 선사하기 위해

'커핑'이란 분쇄한 커피 가루 위에 뜨거운 물을 붓고 4분이 지난 후에 상층부를 스푼으로 걷어내며 맛을 보고 커피를 테스팅하는 방법이다. 시애틀 지원 센터에 있는 커핑룸에서는 커피 스페셜리스트가 하루에 약 100~600잔, 연간 25만 컵 이상을 커핑하며 후각으로 느껴지는 미묘한 차이를 알아낸다. 그들의 예리한 감각에는 혀를 내두를 정도다.

Ambassador's Cup 앰버서더 컵

일 년에 단 한 명, 스타벅스 커피 전도사

'블랙 에이프런(Apron 항목 참조)'을 손에 넣은 파트너의 또 다른 꿈. 그 꿈은 일 년에 한 번, 커피 관련 지식과 경험, 고객 응대력을 겨루는 대회 '앰버서더 컵'에서 우승해 '커피 앰버서더'가 되는 것이다. 시애틀에서 연수를 받고 전국 각지에서 스터디 모임을 열거나 방송매체와 행사에 나가기도 한다. 1년간 커피의 매력을 전파하는 '스타벅스의 얼굴' 역할을 한다. 파트너에게 영예가 아니고 무엇이겠는가.

2001년에 시작해 2018년 제15회를 맞이한 '앰버서더 컵'. 심사는 커피 향과 맛만으로 로스팅 정도와 생산지를 맞추는 '테이스팅' 부문과 '프레젠테이션', '고객서비스' 부문으로 나누어 커피 지식과 경험을 겨룬다. 15대 커피 앰버서더는 이시구로 아유미 씨.

Barista 바리스타

바리스타가 되려면 어떻게 해야 할까?

동경하는 바리스타가 되고 싶다는 꿈을 품은 당신에게. 스타벅스에는 바리스타가 갖춰야 할 지식과 기술을 배울 수 있는 알찬 프로그램이 있다. 제일 먼저 커피 관련 지식과 스타벅스 미션, 그리고 가치관과 행동지침, 고객서비스, 주문대에서 하는 기본 동작 등의 기초지식을 '바리스타 트레이너'라 불리는 코치에게 배운다. '바리스타 인정시험'에 합격하면 드디어 바리스타로 손님 앞에 선다. 당신도 바리스타를 꿈꿔보길 바란다.

Bearista® Bear 베어리스타

바리스타 + 베어 = ?

발매될 때마다 화제가 되는 오리지널 캐릭터인 곰, 그 이름도 '베어 + 바리스타'에서 따온 '베어리스타'이다. 1997년 미국에서 발매한 이후 전 세계 총 100종이 넘는 디자인이 판매되었다. 과거 홀리데이 시즌에는 퐁퐁 장식이 달린 빨간 모자를 쓴 소년 소녀 베어리스타가 등장하기도 했다. 베어리스타가 곁에 있는 평안함을 누리길 바란다.

2017년 간지 중 정유년이던 해, '닭 유(酉)'자에 걸맞게 베어리스타가 닭으로 변신했다.

2018년 강아지 버전은 판매와 동시에 품절했을 정도로 인기 절정이었다.

2019년 새해는 우스꽝스러운 멧돼지.

Customize
커스터마이즈

17만 가지 중에서 고르는 자유

내가 좋아하는 맛을 찾고, 그것을 맛보는 기쁨을 스타벅스가 선물한다. 에스프레소 샷을 추가하거나 우유를 저지방이나 무지방, 조제두유로 변경하기도 하고 시럽과 휘핑크림을 넣어 단맛이나 풍미를 가미하기도 한다. 이런 조합은 무려 17만 가지에 이른다고 한다. 그중에서도 편집부가 강력 추천하는 4가지 조합이 있다. 늘 먹던 음료를 조금만 바꿔도 새로운 맛의 세계로 떠날 수 있다는 말씀, 얍~!

상황별로 커스터마이즈를 즐기자!

1 일하거나 공부할 때 함께하면 금상첨화
카페라테를 더욱 달달하게

바닐라 시럽
폼 밀크 많이
시나몬 파우더
• 카페라테

2 운동 후라도 마음 편히 꿀꺽꿀꺽
만족도 UP! 아이스 유자 시트러스 & 티

시트러스 많이
블랙티
패션티로 변경
• 아이스 유자 시트러스 & 티

3 부드러운 달콤함에 안도의 한숨을
얼그레이티라테에 도전

SOY
조제두유로 변경
우유 반
올 밀크로 변경
캐러멜소스 추가
• 얼그레이티라테

4 오늘도 수고한 나에게 주는 선물
특별한 호사, 캐러멜 프라푸치노

자바칩 추가
샷 추가
초콜릿소스 추가
• 캐러멜 프라푸치노

푸드 메뉴도 커스터마이즈

음료뿐만 아니라 푸드도 커스터마이즈를 할 수 있다. 가령 도넛과 스콘에 휘핑크림을 곁들이는 것처럼 나만의 스타일로 새로운 메뉴에 도전하길 바란다.

커스터마이즈 퍼스널 옵션 일람표!

FREE(무료)
- 우유 변경(저지방/ 무지방)
- 소스 추가(캐러멜/ 초콜릿)
- 휘핑크림 증량
- 시럽 증량 · 변경(바닐라/ 캐러멜/ 아몬드토피(toffee))
- 우유 온도조절

+50엔(円)
- 조제두유/ 브레베 변경
- 에스프레소 샷 추가
- 커피 추가 · 증량(프라푸치노만)
- 휘핑크림 추가
- 시럽 추가(바닐라/ 캐러멜/ 아몬드토피)
- 자바칩 추가

Condiment Bar
컨디먼트 바

나 혼자 커스터마이즈

바리스타가 건네는 음료를 자유롭게 커스터마이즈해서 즐길 수 있는 무료 '컨디먼트 바'가 있다. 바를 이용하면 내가 좋아하는 음료를 손쉽게 만들 수 있다. 구비 품목은 아래와 같다!

- 꿀/ 검시럽 • 브라운 슈가/ 그라뉴당/ 팩 슈가/ 다이어트 슈가 • 포션밀크/ 우유/ 무지방우유 •시나몬파우더/ 코코아 파우더/ 오렌지파우더 슈가

Coffee Seminar
커피 세미나

커피 마스터를 꿈꾸자

커피를 마시다 매장 한구석에서 바리스타가 강의하는 모습을 본 적이 있는지. 이것은 깊고 넓은 커피의 세계를 쉽고 친절하게 설명하는 체험형 커피 세미나이다. 2000년에 시작된 이래 많은 인기를 모으고 있다. 내 스타일대로 커피를 즐기는 당신에게 가까운 매장을 찾아 배움의 문을 두드리길 추천한다.

강의 내용은 크게 '커피 맛있게 내리는 법', '푸드페어링', '에스프레소', '핸드드립' 4가지로 나누어진다.

Coffee Passport
커피 패스포트

커피여행을 떠날 때도 여권은 필수

산지에 따라 풍미가 다른 것도 커피의 매력. 풍미를 더욱 다양하게 즐기고 싶다면 원두를 살 때 주는 소책자 '커피 패스포트'를 활용하면 좋다. 산지와 커피 특징이 알기 쉽게 적혀 있어 스탬프 스티커를 붙이며 읽으면 지금까지 마셨던 원두에 관한 지식이 머릿속에 일목요연하게 정리된다. 커피 생산지를 여행하는 기분으로 스탬프 찍기에 도전하면 어떨지.

원두 포장지에 그려진 이미지와 똑같은 디자인의 스탬프 스티커.

DECAF 디카페

디카페인이라도 알차게

카페인을 신경 쓰지 않고 커피를 마시고 싶은 당신에게는 디카페인이 있다. 평소에 주문하던 카페라테나 아메리카노에 들어가는 에스프레소 샷을 디카페인으로 변경하면 맛은 같지만 보다 담백한 느낌으로 바뀐다. 집에서 즐긴다면 '디카페인 하우스 블렌드'를 추천한다. 견과류와 코코아 맛에 균형감이 느껴지는 감칠맛, 풍부한 풍미가 특징이다. 카페인리스로도 충분히 알찬 느낌을 맛볼 수 있다.

Double Tall Latte

더블톨라테

일본에서 첫 주문은

1996년 긴자 마쓰야 뒷골목에 문을 연 스타벅스 1호점. 오픈 당일은 하워드 슐츠가 '엑스트라를 동원한 것 아니냐'고 농담할 정도로 인산인해였다. 기념비적인 첫 주문은 카페라테 톨 사이즈에 샷을 추가(30ml)한 '더블톨라테'. 이 한 잔으로 내 맘대로 자유롭게 즐기는 커피 문화가 시작되었다.

Dry 드라이

폭신폭신 우유 거품에 마음이 설렌다

카푸치노 전용 커스터마이즈 용어인 '드라이'. 그렇다고 드라이한 쓴맛을 낸다는 것은 물론 아니다. 보통 카푸치노는 폼 밀크와 스팀우유를 1:1 조합으로 제조하는데 폼 밀크를 더 넣어서 만들면 '드라이'라고 한다. 입에 닿는 감촉이 가볍고 더욱 부드러워진다. 컨디먼트 바에 있는 시나몬 파우더를 뿌리거나 폭신폭신한 우유 거품을 스푼으로 떠서 디저트처럼 맛보면 평소와 다른 설렘을 만날 수 있다.

Ethically Connecting Day

윤리적인 커피의 날

커피 생산지를 떠올리며

매월 20일은 무슨 날일까? 스타벅스에서는 'Ethically Connecting Day~ 윤리적인 커피의 날'로 제정했다. 오늘의 커피는 스타벅스 원두 조달 가이드라인인 C.A.F.E.프렉티스(C항목 참조)의 인정을 받은 원두를 사용한다. 또한 아이스커피는 국제 공정무역 인증 커피 '공정무역 이탈리안 로스트'를 사용한다. 생산지와 연대의식을 돈독히 하며 커피를 즐기는 의미 있는 날이다.

For Here Mug

포 히어 머그

매장에서 마신다면 바로 이것

매장에서 마실 때 음료를 담아주는 머그컵. 현재는 로고가 새겨진 심플한 디자인이다. 통상 매장에서는 하얀색, 스타벅스 리저브 점에서는 검은색 한정 머그컵에 음료를 제공한다.

Food Pairing

푸드 페어링

커피와 푸드의 환상적인 만남

스타벅스의 모든 푸드는 커피와 잘 어울리도록 만들었다. 그래도 커피 풍미에 맞는 푸드를 고른다면 보다 풍성한 맛을 즐길 수 있다. 이른바 푸드 페어링 순서는 다음과 같다. 우선 (1) 커피와 푸드, 각각의 향을 즐긴다. (2) 커피를 마신다. (3) 푸드를 먹는다. (4) 푸드를 씹는 사이에 여러 번 커피를 나눠 마신다. 입 안에서 푸드와 커피가 어우러지며 풍미가 더욱 살아나는 느낌을 받는다면 성공이다. 직접 고민해서 푸드 페어링에 도전하는 것도 재미있다.

진하고 깊은 맛과 입에 닿는 매끈한 감촉이 특징인 '수마트라' 커피에는 버터 향이 물씬 풍기는 버터밀크 비스킷을 곁들인다.

대표 세트메뉴 인기 만점 페어링은 '파이크 플레이스 로스트'에 아메리칸 스콘 초콜릿 청크.

Farmer Support Center

파머 서포트 센터

현지에서 생산자를 지원하는 시설

이 시설은 스타벅스가 지속 가능한 원두 조달을 위해 가이드라인 C.A.F.E.프렉티스(C항목 참조)를 철저히 이행한다는 증거이다. 이를 보다 효과적으로 도입하고자 현지에서 커피생산자를 직접 지원해야 함을 느꼈다. 그래서 만든 것이 파머 서포트 센터(FSC)이다. 전문가가 상주하며 현지 생산농가와 만나 원두의 품질 향상을 돕는다. 결과는 품질 향상뿐만 아니라 평균 수확량이 놀랄 정도로 늘었고 농약 사용량도 감소했다. 역시 중요한 것은 직접 만나서 마음을 나누는 일이다.

생산지에 상주하는 담당자는 '아그로노미스트(agronomist, 농업경제학자)'라 불리는 토양 관리 및 농작물 생산 전문가이다.

Geography Series
지오그래피 시리즈

모든 도시를 가보고 싶다

일본 각지의 도시 디자인을 만나볼 수 있는 Geography Series. 머그컵과 텀블러 같은 MD상품에 지역의 개성이 듬뿍 드러나는 디자인을 담아 수집가들의 구매 욕을 자극한다. 여행지의 추억거리는 물론 선물로도 환영받는 아이템. 당신이 고른 도시 머그컵에는 어떤 그림이 그려져 있는가?

홋카이도

센다이

도치기

도쿄

요코하마

가와자와

나가노

기후

나고야

교토

나라

오사카

고베

히로시마

후쿠오카

나가사키

오이타

오키나와

텀블러와 같은 디자인 스타벅스 카드

지점 한정 스타벅스 카드도 발매한다. 여행의 추억을 꼭 담아 오길 바란다. 소중한 사람에게 여행 선물로도 제격이다.
※ 사진은 열여덟 개 지역 중에서 열세 개만 실었다.

Gingerbread Latte 진저브레드라테

홀리데이 시즌 음료를 꼽자면

거리에 겨울 내음이 풍기면 기다려서라도 마신다는 열성팬이 있는 '진저브레드라테'가 등장한다. 진저브레드 쿠키가 떠오르는 적당히 스파이시한 풍미가 인기 비결이라고 한다. 이 라테는 홀리데이 시즌에만 영접할 수 있는 특별한 음료이다. '그때'가 오면 꼭 마셔보길 바란다.

GAHAKU 가하쿠(画伯)

손으로 직접 쓰고 그리는 칠판POP 일러스트가 대단한 이유

스타벅스 매장에 걸려 있는 칠판POP를 보면 상상을 초월하는 퀄리티에 놀라지 않을 수 없다. 알고 보니 각 매장에서 POP를 잘 그리는 파트너가 손수 그린 것이라고 한다. 아마추어인데 어쩜 이렇게까지 잘 쓸 수 있을까? 그 뒤에는 '가하쿠'라 불리는 손 글씨 POP 달인이 존재한다는 사실. 매년 전국 매장을 통틀어 좋은 작품을 추천 받아 사내 심사위원회에서 최우수작을 선발한다. 우수 파트너는 1년 동안 가하쿠로 활동하며 POP 그리는 요령을 나눈다고 한다. 이는 아날로그 방식으로 따스한 인간미를 전하는 스타벅스다운 작업이다.

Howard Schultz
하워드 슐츠

스타벅스를 일군 아버지는 바로 '그 사람'

1953년 뉴욕 브루클린 출생. 노던미시간대학교 졸업 후 제록스 방문판매직을 거쳐 1982년 스타벅스 커피 컴퍼니에 입사. 1987년 스타벅스를 매수. 한 번 CEO를 그만둔 적도 있지만 위기를 극복하기 위해 2008년에 복귀한다. 2011년 최고 수익을 기록하며 미국 포춘지 선정 '올해의 기업인'에 오른다. 창업 당시 가진 초심을 잃지 않고, 시애틀 파이크 플레이스 1호점에 언제든 들를 수 있도록 매장 열쇠를 가지고 다닌다는 일화가 있다. 좋아하는 커피는 수마트라와 더블 샷 무지방라테.

Ichigo Vinyl House Store
딸기 비닐하우스점

상품 하나를 위해 태어난 매장

화창한 봄날, 다이칸야마(代官山) T-SITE 시설에 돌연 나타난 팝업 비닐하우스가 있다. 사실 이곳은 2018년 썸머 시즌메뉴인 '#STRAWBERRYVERYMUCHFRAPPUCCINO' 발매를 기념해 오픈한 팝업스토어 '스타벅스 커피 딸기 비닐하우스점'이다. 그렇다 해도 딸기 비닐하우스를 형상화해 만든 공간이라니 상상력이 몹시도 대담하다.

2018년 4월 12일~15일 단 4일간 문을 열었다. 딸기 비닐하우스를 절로 떠올리게 하는 줄지어진 딸기 가득한 공간. 그리고 정면에 있는 바카운터는 딸기 홀과 함께 VERY MUCH한 퀄리티를 자랑한다.

《JAPAN WONDER PROJECT》
재팬 원더 프로젝트

일본의 매력을 찾아 전파한다

일본 음식이 세계문화유산이 되는 등 이제는 전 세계가 주목하는 일본 식문화와 그 탄생에 담긴 이야기가 있다. 조금 다른 각도에서 그 매력을 재발견하겠다며 시작한 'JAPAN WONDER PROJECT'. 독특한 일본 식문화를 배경 스토리와 함께 색다른 형태로 제안하는 음료와 푸드, 굿즈를 선보인다. 글로벌 기업이지만 지역사회에 대한 관심도 잊지 않은 스타벅스다움이 여기에도 담겨 있다.

일본 원더 프로젝트 소식은 공식 인스타그램에서. https://www.instagram.com/STARBUCKS_jwp/ 를 확인.

2018년 여름에 발매한 제1탄 '가가 보 호지차(加賀 棒 ほうじ茶, 가가 지팡이 호지차) 프라푸치노'

Lid
리드

고작 뚜껑이지만 그래도 뚜껑

리드라 불리는 컵 뚜껑. 음료를 포장해 갈 때 빠질 수 없는 이것은 온도를 유지하고 걸어 다니면서 마실 수 있다. 그뿐만 아니라 살짝 열리는 입구로 음료를 마시면 폼 밀크나 크림이 적당량 섞이도록 되어 있다. 이 리드에는 최상의 맛을 즐기기 위한 많은 노력이 녹아 있다.

향후에는 빨대를 일절 사용하지 않기 위해 빨대가 필요 없는 리드를 고안할 예정이다.

Kid's Beverage
키즈 음료

아이들과 함께 스타벅스를 경험하자

2세 이하 아이들도 즐길 수 있는 음료를 항상 준비한다. '우유'와 '핫초코'는 뜨겁게 만들면 화상을 입을 수도 있어서 마시기 적당한 온도로 조절한다. 아이스로 주문하면 구부러지는 빨대를 제공하는 등 어린이를 생각하는 마음이 엿보인다. 물론 음료를 커스터마이즈로 맛볼 수도 있다.

Michi no Cafe
거리의 카페

부흥을 위한 길을 돕고 함께 걸어가는 카페

커피를 마시며 편안함을 즐기는 안식처, 사람들의 이야기가 숨 쉬는 커뮤니티 공간이 있다. 재해지역 부흥을 지원하기 위해 2011년 7월 스타벅스, 캐논, 마츠시타정경학교(松下政経塾)가 손을 잡고 시작한 프로젝트 '거리의 카페'가 그것이다. 다양한 지역에서 커뮤니티 카페를 만들고 또 그곳을 통해 전해 들은 재해지역 상황을 매장이나 인터넷상에 옮긴다. 중요한 사실은 '지역 사람들을 주역'으로 '지속적으로 지원'해야 한다는 것이다. 재건할 수 있도록 끊임없이 지원하면서 스타벅스가 함께 걸어가는 힘이 되기를 바란다.

지역 주민들이 그곳을 찾는 사람들에게 커피와 웃음을 건넨다.

Napkin

냅킨

냅킨 한 장에도 이념이

튼튼하고 심플하고 손에 닿는 감촉이 좋은 페이퍼 냅킨. 입가를 닦을 때, 그릇 대신 사용할 때, 문득 떠오른 것을 메모할 때 사용한다. 카페에 있는 페이퍼 냅킨의 역할은 의외로 폭넓다. 스타벅스는 철저히 관리한 삼림에서 가져온 펄프와 우유팩 재생 펄프로 냅킨을 만든다. 이런 작은 부분에서도 환경을 생각하는 마음을 엿볼 수 있다.

Online Store

온라인 스토어

시즌한정 굿즈도 구입할 수 있다

컴퓨터와 스마트폰을 통해 스타벅스 상품을 구입할 수 있는 '스타벅스 온라인 스토어'를 아시는지. 원두와 커피 추출도구는 물론 스타벅스 오리가미 같은 가정용 커피상품 등 커피 레어템이 가득하다. 선물 포장이 가능해서 선물을 준비하는 사람에게도 안성맞춤이다.

OPEN HOUSE

오픈 하우스

은밀히 보내는 비밀 초대장

하루하루 다양한 곳에서 문을 여는 새로운 매장. 오픈 직전 근처에 사는 주민들을 매장에 초대하고 커피타임을 제공하는 피로연을 '오픈 하우스'라고 부른다. 동네사람들에게 '잘 부탁드립니다'라는 마음을 담은 집들이 같은 날이라고 할 수 있다.

Paper Cup

종이컵

여기서 종이컵 테스트

똑같은 사이렌 로고가 찍힌 종이컵. 여기서 문제가 나간다. 종이컵 사이즈명은? 커피 제조 음료의 기본인 에스프레소 샷의 분량은? 정답은 아래를 참고하길 바란다. 컵 사이즈는 스몰부터 숏, 톨, 그란데, 벤티까지 있다. 의외로 많이 모르는 기본 지식인만큼 지금 당장 마스터하자.

| 숏 | 톨 | 그란데 | 벤티 |

에스프레소 샷은 숏과 톨은 원 샷, 그란데는 투 샷, 벤티는 쓰리 샷이다.

라이트노트 블렌드®, 파이크 플레이스® 로스트, 카페 베로나®, 디카페인 하우스 블렌드의 4가지 맛.

ORIGAMI®

오리가미(折り紙, 드립백)

그 이름에 담긴 상대방을 배려하는 마음

전통핸드드립 커피를 가정과 사무실에서도 쉽게 즐길 수 있다. 한 잔 추출용인 퍼스널 드립 커피 '스타벅스 오리가미'. 오리가미라는 이름이 탄생한 이유는 미국 스타벅스 담당자가 일본사람들이 즐겨 마시는 드립백을 만난 것이 계기라고 한다. 한 잔씩 정성껏 커피를 내리는 독특한 방식에서 착상, 일본 '종이접기(오리가미)'와 결합하여 프로젝트명을 '오리가미'로 정하고 상품명으로도 사용하였다. 그 밑바탕에는 상대방을 각별하게 생각하는 마음이 깔려 있다.

※ 완성되면 약 140ml.

 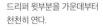 

드리퍼 윗부분을 가운데부터 천천히 연다.

양쪽 끝을 안쪽으로 밀어 넣으면서 컵에 고정.

소량의 뜨거운 물을 붓고 20~30초 정도 뜸을 들인 후 두세 번으로 나누어 물을 부으면 완성.

Partner 파트너

모든 직원이 똑같은 호칭

스타벅스에서 일하는 모든 종업원이 '파트너'라 불리는 이유는 한 사람 한 사람이 스타벅스에 없어서는 안 되는 자산이며 브랜드를 함께 만들어 가는 존재이기 때문이다. 근속기간이나 경력에 상관없이 모든 종업원을 '파트너'라고 부르는 자세에서 상대를 배려하는 마음을 잊지 않는 스타벅스다움을 확인할 수 있다.

99

99캠페인

그날에는 매장에서 생산자에게 감사하며 커피를 즐긴다.

즉 거의 전부라는 뜻이다

9월 9일, 컵에 적힌 '99'라는 글자. 윤리적인 원두 조달률 99% 달성을 기념하기 위해 만든 캠페인. 환경, 사회, 경제, 품질, 이 모든 면에서 책임의식을 가지고 윤리적으로 재배하고 거래하는 원두만을 구매한다는 뜻이다. 또한 커피 생산지 주민들의 삶의 질과 보다 좋은 원두를 재배하기 위해서는 지원을 아끼지 않는 것이다. 이런 정신은 품질 좋은 커피를 계속해서 마실 수 있는 우리의 미래로도 이어진다.

Regional Landmark Store

리저널 랜드마크 스토어

어느새 관광명소

그 지역에 다가서고 그곳에서 만든 문화를 존중하는 스타벅스. 이런 생각의 정점이라 할 수 있는 매장이 '스타벅스 리저널 랜드마크 스토어'이다. 전국 각지를 대표하는 장소에 매장을 내고 그 지역이 가진 다양한 디자인 요소를 담아냈다. 그러니 관광명소로 인기를 모으는 것도 당연한 일이다.

세계문화유산인 '뵤도인(平等院)'의 오모테산도에 있는 '교토 우지 뵤도인 오모테산도점(宇治平等院表参道店)'.

푸르름과 햇살이 가득한 다마강(多摩川) 근처 공원에 자리한 '후타코타마가와 코엔점(二子玉川公園店)'.

Refreshers

리프레셔즈

생두의 카페인과 과일의 만남

이것은 여름 시즌음료의 새로운 발명일지도 모르겠다. 특별한 방식으로 생두에서 추출한 카페인과 라임을 섞은 '스타벅스 리프레셔즈 음료 쿨 라임'. 풍성한 청량감과 깔끔하고 상쾌한 목 넘김이 일품이다. 이름 그대로 더운 날에 마시면 몸도 마음도 진정 리프레쉬할 수 있다며 2013년 여름에 한정 판매한 이래 고정 팬이 점점 늘어난다.

Siren

사이렌

시대와 함께 꾸준히 변천하는 로고 마크

스타벅스의 상징이기도 한 '사이렌' 로고. 아름다운 노랫소리로 선원들을 유혹하고 마음을 빼앗는 그리스신화에 등장하는 꼬리가 두 개 달린 인어를 모티브로 삼았다. 일찍이 항구 도시인 시애틀에서는 '스타벅스'라는 이름과 함께 바다와 관련된 이야기로 사람들에게 회자되었다.

1971년

노르웨이 목판화를 참고하여 만든 꼬리 두 개 달린 인어 '사이렌' 로고 마크.

1987년

신생 스타벅스사의 설립을 계기로 초대 로고 마크의 취지를 남기면서 현대적으로 변신.

1992년

주식 상장을 기념하며 사이렌의 관과 상반신을 클로즈업한 디자인으로 탈바꿈했다.

2011년

창립 40주년을 기점으로 '스타벅스 커피'라는 영문은 사라지고 깨끗하게 '사이렌'만 그린 새로운 로고.

＼ 이런 곳에도 사이렌이!? ／

에비스 유니온빌딩점(恵比寿ユニオンビル店)

에키마루세 오사카점(エキマルシェ大阪店)

SAKURA

사쿠라

한 발짝 먼저 '봄'을 손에 넣는다

일본을 상징하는 꽃 '벚꽃'을 모티브로 한 굿즈. 스타벅스의 '각 나라와 지역 문화를 존중한다'는 정신을 토대로 일본문화에 대한 경의를 담아 상품을 개발한다. 매년 정해진 주제에 맞춰 디자인이 조금씩 달라지는 것도 수집하고 싶은 이유이다. 여기서 일부 상품을 소개한다.

Support Center

서포트 센터

사무실에도 매장과 같은 에스프레소 머신이 있다

보통 회사는 본사라고 부르지만 스타벅스에서는 매장이 중심이라는 개념이 있어서 숨은 공로자인 사무실은 모든 나라에서 서포트 센터라고 부른다. 센터에도 에스프레소 머신이 설치되어 있어 직원 모두 자신이 직접 음료를 만들어 먹는다고 한다.

2002년

기념할만한 초대 텀블러. 이 하나의 텀블러에서 역사는 시작되었다.

2011년

시리즈 10년을 맞이하는 해. 강 수면에 걸린 우아한 '수양벚나무'를 이미지화했다.

2015년

벚꽃의 변천을 '개화'와 '만개' 두 단계로 나누어 디자인했다.

시즌한정 머그와 텀블러도 등장

올해도 벚꽃이 찾아온다!

올해 콘셉트는 'SAKURA Mankai Moments-Full blooming all around you-'. 시간의 흐름에 맞춰 변하는 벚꽃의 다양한 만개의 순간을 '늠름함'과 '햇살'이라는 두 가지 주제로 표현했다.

TEAVANA™

티바나

아직 모르는 'TEA'의 세계

'차가 다채롭게 변화한다(TEA REIMAGINED)'를 콘셉트로, 다양한 찻잎에 과일이나 꽃, 허브나 스파이스 등을 블렌딩한 상품뿐만 아니라 지금까지와는 다른 방식으로 추출하거나 색다른 소재와 조합해서 만든 차 음료를 선보인다. 커피와 나란히 스타벅스 간판 메뉴이다

찻집에서 즐기던 맛을 되살리는 찻잎 판매도 한다.

얼그레이, 차이, 잉글리쉬 블랙퍼스트, 민트 시트러스, 유스베리, 하이비스커스 6종류.

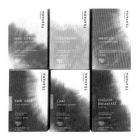 

시애틀 연구소 티바나 개발 담당자는 다도 13년차인 나오코 쓰노다씨.

To Go
투고

테이크아웃이 아니라

일본에서는 음식포장을 테이크아웃(Take Out)이라고 했지만 사실 이 표현은 일본식 영어다. 미국에서는 투고(To Go)라고 한다. 스타벅스에서는 음료나 푸드를 포장할 때 사용하는 종이봉투를 'To Go Bag', 종이컵을 'To Go Cup'이라고 부른다.

UV
유브이

선물에는 UV를

'유니버설'의 줄임말인 UV는 미리 갈아놓고 파는 원두를 가리키는 전문용어이다. 어떤 추출도구를 사용해도 괜찮은 중간크기로 분쇄해서 선물용으로도 좋다. 원두는 하우스 블랜드, 카페 베로나, 파이크 플레이스 로스트 3종류가 있다.

Wet
웻

Dry가 있다면

카푸치노 전용 커스터마이즈. Dry(D항목 참조)의 반대말은 없을까? 당연히 Wet도 존재한다. 일반적으로 카푸치노는 폼 밀크와 스팀우유 1:1 비율로 만들지만 Wet은 스팀우유를 더 많이 넣는 것을 뜻한다. 여러 가지 시도를 하며 내가 좋아하는 맛을 찾아보자.

VIA
비아

기자들이 낚인 전통커피

따뜻한 물만 부었다고는 상상할 수 없는 진한 맛. 일본에서는 발매 후 불과 4개월 만에 1,000만 스틱이 넘게 팔리며 공전의 히트를 기록한 스틱타입 커피 '스타벅스 비아'. 비아를 출시할 때 기자회견장에서 비아를 대접했는데 누구 하나 알아채지 못했다는 후문이 질 높은 커피임을 입증한다.

종류도 다양하다

커피 통(通)도 기뻐한다

콜롬비아, 파이크 플레이스 로스트, 디카페인 하우스 블랜드 등 원두 종류도 여러 가지.

모카, 캐러멜, 말차, 기한한정으로 발매한 차이 티 등 스타벅스 인기 음료와 똑같은 맛을 손쉽게 즐길 수 있다.

X
엑스트라

알아 두면 좋은 커스터마이즈

진정한 스타벅스 팬이라면 한 번은 들어본 적이 있는 용어. '엑스트라'란 음료를 만들 때 넣는 휘핑크림이나 소스, 시럽 같은 것을 보통의 2배로 양을 늘려서 먹는 커스터마이즈를 뜻한다. 카운터에 있는 파트너를 향해 '엑스트라로 해주세요'라고 주문했다면 당신은 멋진 스타벅스 마니아.

'휘핑크림 많이'는 '엑스트라 휘핑크림'이라고 부른다.

Zodiac
십이간지

매년 완판을 기록하는 인기 아이템!

정월에 만나는 인기 굿즈는 십이간지와 불교 연기사상을 모티브로 한 MD상품이다. 그해의 십이간지 동물로 꾸민 페어리 스타와 머그컵을 수집하는 성실한 마니아도 많아서 매년 완판을 기록한다. 다양한 아시아 국가에서 조금씩 다른 십이간지 캐릭터를 만들기도 한다니 문화의 차이를 확인하는 재미도 있다. 새해 휴가로 외국에 갈 때 스타벅스도 들러보길 바란다.

You Are Here Collection
유어 히어 컬렉션

제일 좋은 해외여행 선물

세계 각국 그리고 도시를 모티브로 디자인한 지역한정 시리즈. 일본은 머그와 데미타스, 스테인리스 텀블러를 제작했다. 각 지역을 여행한 추억을 머그컵과 함께 가지고 돌아온다. 이런 멋진 콘셉트로 지금까지 180종 이상의 디자인이 탄생했다. 일본은 벚꽃이나 후지산 등의 풍경뿐만 아니라 초밥 같은 아이코닉한 디자인을 선보이기도 했다.

참가자들은 '고객의 웃는 얼굴을 본 것이 소중한 자산이 되었다', '자신의 새로운 면을 발견하고 자신감이 생겼다'는 후기가.

Youth Leadership
유스 리더십

스타벅스식 리더십을 모든 청년들에게

'미래를 짊어질 젊은 세대가 자신감을 가지고 나답게 나아가는 세상을 응원한다'. 이것은 스타벅스가 내건 'Youth Leadership'의 정신이다. 전국 약 4만 명 파트너가 개성과 능력을 발휘하며 매일 약 80만 명 고객을 맞이한다. 그 긍정적인 에너지를 크고 넓게 펼쳐 일본의 미래를 더욱 밝게 만들고 싶다는 생각에서 스타벅스식 리더십을 전파하기 위한 프로그램을 계획한다. 이후로도 새로운 스타벅스 뉴스에 귀 기울이길 바란다.

매년 정월에 발매하는 십이간지 머그컵. 사랑스러운 동물들이 마음을 사로잡는다.

"최근에 보면 커피숍들 많죠? 그래도 저는 여기다 싶은 믿음 가는 곳만 가요. 그래서 스타벅스에 갑니다."

TV에서 본 것과 같은 온화한 말투로 이야기를 시작하는 YOU 씨. 단골이 된 결정타는 디카페인 소이라테 때문이라고 한다.

"외국엔 디카페인 커피가 카페에 있는데 일본에는 아직 자리 잡히지 않은 것 같아요. 디카페인을 마시고 싶을 때 마침 눈에 잘 띄는 위치에도 있어서 스타벅스를 찾아요. 그래서 정말 멋진 곳이라 생각해요."

거의 매일 스타벅스 음료를 마신다는 그녀는 일하기 전은 물론 운동을 갔다 돌아오는 길에도 자주 들른다고 한다. 너무 배고픈데도 트레이너가 운동하고 바로 먹으면 안 된다고 신신당부해서 이걸로 때운다며 아이스 소이라테를 손에 들고 홀짝홀짝 끝까지 마신다.

"주문하려고 기다릴 때 사람들을 관찰하는 것도 좋아요. '창가에 앉은 사람은 꽤 어려운 책을 읽네', '오늘 점원은 신입인가? 프라푸치노 주문이 많아도 허둥대지 않고 잘할 수 있을까' 하면서 말이죠. 관찰하면서 손님들에게서 풍기는 고상함과 점원들이 전하는 좋은 느낌을 받아요. 전 항상 테이크아웃이지만 이렇게 편안한 공간이라 어느 매장이든 사람이 많구나 싶습니다."

" 스타벅스가 없으면
생활하기 힘들어요. "

탤런트 · 배우
YOU 씨

PROFILE

도쿄 출생. 탤런트, 영화배우로 수많은 예능프로, 영화, 광고에서 활약. 현재 '바이킹', '테라스 하우스'(간사이TV) 등에 출연한다. 메이지자(明治座)에서 2월 22일부터 열린 '미즈타니 지에코(水谷千重子)' 50주년 기념공연에도 출연했다.

Doorway to Change

한 잔의 커피가 여는
미래로 가는 길

스타벅스에 가면 왠지 모르게 마음이 따뜻해진다. 편안한 공간을 만들기 위해 심혈을 기울여서일까? 아니, 그뿐만은 아니다. 이런 공간을 만든 사람들이 따뜻하게 맞이하는 그 느낌 때문일 것이다. 그들은 지금도 눈에 보이지 않는 곳에서 행복한 미래로 가는 다양한 길을 열어간다.

photo_Koichi Doyo

Building the Future

아이들의 꿈을 응원한다

내가 마신
한 잔에서 시작하는
지역부흥지원사업
— 허밍버드 프로그램 —

매장 앞에 세워놓은 허밍버드 프로그램 알림판.
올해로 7년째를 맞이한다.

이야기를 나눈, 존 칼버 씨

아시아 지역을 포함한 국제부문 그룹
사장. 2002년 입사 후 일본을 포함한
스타벅스 해외 마케팅을 지원한다. 가
족과 함께 워싱턴 주 벨뷰(Bellevue)에
거주한다.

새로운 장학생을 환영하는 미치노쿠(みちのく) 미래기금 모임에서는 매장파트너와 미치
노쿠 학생이 함께 커피를 서빙한다. 컵 홀더에 메시지를 적었다.

2011년 일어난 '동일본 대지진'. 엄청난 지진과 쓰나미가 동북 지역을 휩쓸었다. 재난이 있고부터 1년 후 미국 스타벅스에서 국제부문을 담당한 존 칼버 씨가 점장회의를 위해 센다이(仙台)를 찾았다. 회의 전에 가설주택이 들어선 곳을 둘러보고 동북 지역에서 일하는 파트너들과 이야기를 나누었다고 한다. 그는 미래에 대한 희망을 잃지 않고 뭔가 도움이 되고 싶다 말하는 그들의 마음에 큰 감명을 받았다.

'동북 지역 사람들을 돕고 싶다', '누군가에게 도움이 되고 싶다', '미래를 살아갈 아이들이 꿈을 포기하지 않았으면 좋겠다'는 파트너의 마음이 모여 허밍버드 프로그램이 만들어졌다.

이 프로그램 카드를 발급하면 100엔이 '미치노쿠 미래기금'으로 기부되고 재난으로 혼자가 된 아이들의 장학금으로 쓰인다. 기금 대상은 동일본 대지진에서 부모를 잃은 모든 아이들이다. 재난 당시 엄마 뱃속에 있던 아이가 졸업할 때까지 지속적으로 활동한다.

카드 한 장이 많은 꿈을 가진 아이들의 진학 후원자가 된다. 동북 지방에 살지 않아도 카드를 매개로 피해지역 사람들과 소통할 수 있다. 이런 좋은 '이웃돕기' 사례가 계속 이어질 것이다.

스타벅스 카드 - 허밍카드
디자인 스토리

함께 생각을 넓혀가자!

프로그램을 상징하는 벌새(허밍버드)는 남미 안데스 민화에 나오는 '벌새의 한 방울'을 모티브로 했다. 숲에 불이 났을 때 한 방울씩 물을 옮기며 불을 끄려는 벌새를 보며 어느 세월에 불을 끄겠냐며 다른 동물들이 비웃었다. 여기에는 '나는 내가 할 수 있는 일을 할 뿐'이라는 벌새의 교훈이 담겨있다. 이런 가르침처럼 카드 한 장이라는 작지만 큰 물 한 방울을 누군가의 미래를 위해 쓰자.

2012   2013   2014

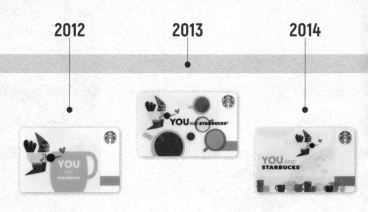

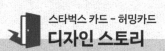

오타 쇼고 씨
아티스트

기후현(岐阜県) 출생. 고등학교 졸업 후
아이다호 대학에서 미술을 전공했다.
시애틀 디자인 스튜디오 'Modern Dog
Design Co.'에서 7년간 정사원으로 일
하다 독립 후 Tireman Studio 설립.

Designer's Interview
'이웃돕기란
생각보다 쉽다'

스타벅스 리저브® 로스터리 시애틀에서 판매한 이 기계도 오타 씨 작품.

'긍정적인 미래를 만들자'라는 생각을
담은 '그린컵' 디자인도 맡았다.

2018년 '허밍버드 프로그램' 카드를 디자인
한 오타 쇼고 씨. 디자이너로, 시애틀 공항 매장
벽화와 '그린컵' 등 스타벅스와 관련된 많은 작
품을 맡아서 했다. 그의 작품을 자세히 살펴보
면 하나의 획으로 그렸음을 알 수 있다.

"인종이나 성별에 상관없이 사람들은 하나
로 연결되어 있어요. 그런 사회가 되길 바라는
염원을 담았습니다".

'허밍버드 프로그램'이야말로 사람과 사람
이 이어지며 태어나는 부흥지원사업이다.

"이웃돕기는 생각보다 어렵지 않아요. 작은
일이 결국엔 큰 것으로 이어지거든요. 제 작품
을 보고 행복해진 분들이 '다음엔 내가 누군가
에게 좋은 일을 해야지'라고 마음먹는 것. 이런
마음가짐도 사회공헌, 그리고 이웃돕기라고 미
술을 통해 전할 수 있다면 좋겠어요."

2015　2016　2018　2019

2019년도 시작합니다!

3월 8일(금)부터 시작하니
꼭 참여하시길!

Sustaining the Future

원두찌꺼기가 만든 순환 고리

원두찌꺼기 사료가 맛있는 우유로
'원두찌꺼기 사료 덕분에 소들이 건강하게 자란다'며 기뻐하는 목소리도 들린다.

원두찌꺼기 퇴비가 다양한 야채에
원두찌꺼기 퇴비를 뿌리는 가가와(賀川)현 쓰무라 마사카즈 씨 밭에서 자라는 싱싱한 오이.

커피를 내리면 반드시 나오는 '원두찌꺼기'. 원래는 폐기물로 처리하지만 스타벅스는 재활용하여 만든 식자재를 다시 매장에서 사용하는 리사이클 시스템을 만들었다.

우유를 예로 들어보자. 카페라테나 카푸치노를 제조할 때 없어서는 안 되는 우유는 건강한 소에서 나온다. 홋카이도 오비히로(帶廣) 지역 목장 '드림힐'에서는 원두찌꺼기와 부자재를 혼합해 만든 유산발효비료를 사료에 섞어서 소에게 준다. 원두찌꺼기에는 '폴리페놀'이 함유되어 있어 소의 면역력을 높이는 효과가 있다고 한다. 소의 생명에 치명적인 '유방염' 예방 효과도 기대되는 등 원두찌꺼기를 재활용한 사료는 좋은 점이 많다.

이어서 '야채'. 농가에서 야채를 키울 때 원두찌꺼기를 섞은 퇴비를 활용한다. 원두찌꺼기가 가진 특성이 땅에 들어가면 농작물의 성장이 촉진시킨다. 그렇게 키운 야채가 스타벅스에서 판매하는 샐러드 랩과 샌드위치의 일부 재료다.

버리는 것이 당연했던 원두찌꺼기를 재활용하여 새로 태어난 식자재가 스타벅스 매장으로 다시 돌아온다. 커피 한 잔에도 '맛있는 맛'을 미래까지 전하기 위한 다양한 노력이 숨어 있다.

원두찌꺼기를 소재로 만든 매장 트레이
재료 일부로 원두찌꺼기를 사용했다. 와카야마(和歌山) 장인이 한 장 한 장 손수 칠을 하여 완성했다.

원두찌꺼기 재활용 시스템

**모습을 바꿔 새로 태어난다.
여러 곳에서 유용하게 쓰인다.**

원두찌꺼기는 왼쪽 그림처럼 여러 모양으로 새롭게 태어난다. 파트너들은 원두찌꺼기를 재활용할 수 있도록 수분을 없애고 정성껏 봉지에 담아 방부작업을 한다. 이 과정은 매일같이 하는 노력의 산물이기도 하다.

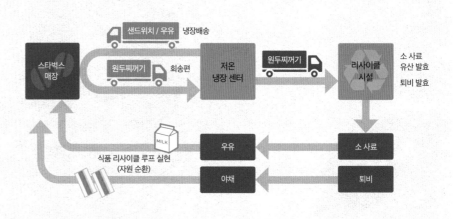

샌드위치 / 우유 · 냉장배송

스타벅스 매장 — 원두찌꺼기 · 회송편 → 저온 냉장 센터 — 원두찌꺼기 → 리사이클 시설 · 소 사료 유산 발효 · 퇴비 발효

식품 리사이클 루프 실현 (자원 순환)

우유 · 야채 ← 소 사료 · 퇴비

Welcoming the Future

도전을 멈추지 않는 이들에게 기회를

팀 웹 씨
매장 매니저

화이트 센터가 오픈한 2017년 8월부터 점장으로 근무했다. 지역연계사업과 청년 취업지원 관련 업무를 전담하며 다양한 방면에서 지원활동을 펼친다.

화이트 센터 스토어
커뮤니티 스토어라 불리는 매장 중 하나. 9862 16th Ave, SW Seattle, WA 98146

젊은이들의 미래를 응원하는 화이트 센터

시애틀 중심부에서 차로 약 30분 거리. 워싱턴 주에서 다양한 인종이 가장 많이 살기로 유명한 지역에 '화이트 센터'라는 이름을 단 매장이 문을 열었다.

라틴계, 아시아계, 아프리카계, 다양한 국적을 가진 사람이 살지만 부모가 모두 '불법이민자'라 본인도 '불법이민자' 신세로 살아가는 청년들도 많다. 그들은 학교에도 다니지 못하고 일을 찾는 법도 모른 채 살아간다. 병원에서 치료조차 제대로 받지 못하는 상황이다. 화이트 센터에는 전용 트레이닝 공간이 있어 이런 청년들에게 삶의 보람을 일깨우기 위해 지원한다. 안심하고 일하면서 학교에 다닐 수 있도록 훈련을 시켜준다.

"여기서 일하기 전까지 그들은 학교에 다니며 공부를 할 거라곤 상상조차 못했죠. 그렇게 열악한 환경에서 살았습니다. 그래서 그들은 매장을 보다 좋게 만들기 위해 열심히 일하고 스타벅스를 사랑합니다. 이런 변화는 우리들에게도 기쁜 일이죠."

평범한 가정이라면 아이 교육은 물론 성장을 위한 지원을 아끼지 않을 것이다. 그러나 이곳에는 부모님이 안 계시거나 여러 이유로 그러기 힘든 가정도 있다. 사랑을 모르고 자란 청소년들은 인간관계를 구축하지 못하고 자신의 마음을 잘 표현하지 못한다고 한다.

"그런 그들에게 다가가 함께 일하는 동료로서 응원하고 지원해주는 것이 화이트 센터의 역할입니다."

타인과 커뮤니케이션하는 법, 서로 협력하는 일의 소중함, 신뢰관계를 구축하는 법 등을 일을 통해서 가르친다. 팀 씨는 '우리들은 가족'이라며 빙그레 웃는다.

"지금까지 가족에게 사랑받지 못하고 혼자서 살았다면 우리들이 가족이 되겠습니다. 그리고 서로 도우며 최선을 다해 지원하겠습니다. 이런 일을 할 수 있는 매장의 점장이라 저 또한 자랑스럽습니다."

좌 · 미국 청각장애인 파트너가 운영하는 매장 = '사이닝(signing) 스토어'
우 · 2018년 퀴어문화축제 '도쿄 레인보우 프라이드'에 스타벅스호라는 이름으로 팝업스토어를 설치했다.

 ## 세계 각지에 있는 나만의 안식처

활기차게 일할 수 있는 매장을 꿈꾸며

나이, 국적, 성별, 그리고 성적 취향, 장애 유무 등에 상관없이 스타벅스는 모든 파트너가 나답게 일할 수 있는 매장을 만들기 위해 노력한다. 커피 맛은 물론 매장 분위기도 좋다. 우리에게 이곳이 마음 편한 안식처인 이유는 바로 이런 점에서도 찾을 수 있다.

Interview
Kevin Johnson

케빈 존슨 씨가 전하는 메시지

스타벅스 CEO 케빈 존슨 씨.
이번 책 출간을 기념하며 귀중한 이야기를 들었다.
사람과 사람이 자연스럽게 손을 맞잡는
그런 장소가 될 수 있도록

— 스타벅스가 이토록 전 세계에서 사랑받는 이유는 무엇일까요?

"스타벅스는 사람의 마음을 매우 소중하게 여기는 기업입니다. 스타벅스에서 일하는 파트너, 전 세계에서 만나는 사람들 모두 말이죠. 사람과 사람이 나이나 인종을 뛰어넘어 연결되는 그런 장소를 늘 꿈꿉니다. 그래서 마음의 짐을 내려놓고 편히 쉬러 가는 그런 존재가 된 것이 아닐까요. 그리고 언제나 새로운 체험을 할 수 있도록 서비스하는 것도 이유 중 하나겠지요. 우리가 제공하는 서비스는 커피만이 아니라 따스한 마음에서 오는 감동과 새로운 발견입니다. 그런 의미에서도 일본 분들에게 이제부터 더욱 멋진 체험을 선사하겠습니다."

— 일본에도 스타벅스 리저브 로스터리가 문을 열었습니다.

"그렇습니다. 스타벅스가 전 세계로 확장하는 로스터리는 모든 고객들이 혁신적인 커피체험을 할 수 있는 공간임에 틀림없습니다. 그중에서도 일본 시장이 갖는 의미는 큽니다. 새로운 것을 좋아하고 진품을 알아보는 일본인에게 로스터리가 어떻게 받아들여질지 궁금합니다. 대단히 중요한 도전입니다."

— 고대하던 일본 독자들에게 한 말씀 부탁드립니다.

"로스터리 도쿄에서 다시 만날 수 있을 겁니다! 사람과 사람을 이어주는 일은 저에겐 기쁨입니다. 일본 분들에게도 스타벅스가 그런 두근두근 설레는 장소가 되기를 바랍니다."

Kevin Johnson
스타벅스 커피 컴퍼니
사장 겸 최고경영책임자 (CEO)

STARBUCKS
OFFICIAL BOOK

1판 1쇄 발행 2021년 8월 1일
1판 2쇄 발행 2021년 9월 1일

글/그림/사진 다카라지마사 편집부
옮긴이 김성은

펴낸이 김영곤
펴낸곳 ㈜북이십일 아르테

키즈융합부문 이사 신정숙
융합사업2본부 본부장 이득재
책임편집 줄탁_JULTAK
웹콘텐츠팀 장현주 김가람
디자인 강민영

영업마케팅본부장 김창훈
영업팀 허소윤 윤송 이광호
마케팅팀 정유진 김현아 진승빈
제작팀 이영민 권경민

(주)북이십일 경계를 허무는 콘텐츠 리더

아르테 채널에서 도서 정보와 다양한 영상자료, 이벤트를 만나세요!
페이스북 facebook.com/21arte   블로그 arte.kro.kr
인스타그램 instagram.com/21_arte   홈페이지 arte.book21.com

ISBN 978-89-509-9664-2 03980

이 책은 원저작권자인 다카라지마사 편집부에서 2018~2019년 당시
스타벅스커피 재팬을 취재한 내용을 바탕으로 하고 있습니다.

책값은 뒤표지에 있습니다. 잘못 만들어진 책은 구입하신 서점에서 교환해 드립니다.

옮긴이 김성은

일본어를 우리말로 옮기는 번역가. 우리말로 일본어를 가르치는 선생님.
옮긴 책으로는 『도쿄 버스여행』, 『심플 수납 인테리어』, 『이케아 수납 인테리어 170』, 『오늘의 샐러드』, 『나를 바꿀 용기』 등이 있다.
좋아하는 음료는 프라푸치노에 에소휩 많이.